Leçons élémentaires

SUR

LA REPRÉSENTATION DES CORPS

Donné aux vacances de Metz,

A l'Aide

D'UN SEUL PLAN DE PROJECTION

et de cotes de distance;

SUIVIES D'APPLICATIONS.

par Bardin

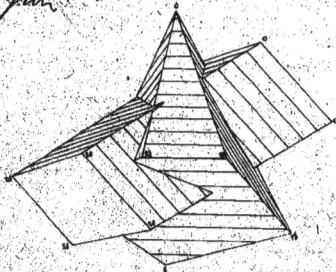

METZ, 1838.

Préparer au dessin de la topographie ;

Faire comprendre la représentation géométrique des formes de terrain ;

Amener à représenter facilement les corps à l'aide de deux projections ;

Mettre en état d'exécuter des levés de bâtiments et de machines ;

Enfin, donner quelques notions de dessin, basées sur les effets d'ombre et de lumière, et sur la perspective ;

Tel est le but que je me suis proposé en rédigeant ces leçons élémentaires de géométrie descriptive.

Bardin,
Professeur à l'école d'artillerie de Metz

Notions
sur la représentation des grandeurs à l'aide d'un seul plan de projection et de cotes de distance.

Fig.(1). — *Polyèdre* ou corps terminé par des plans — Il est représenté par *imitation*, c'est-à-dire, à l'aide des *effets d'ombre et de lumière* qu'on suppose être produits sur sa surface.

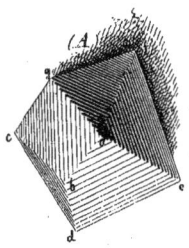

Les *polygones plans* abde, abcg, bcd..... sont les *faces* du polyèdre; leur ensemble forme sa *surface*; l'étendue limitée par cette surface est le *volume* du polyèdre.

Les *droites* ab, bc, cd, de,..... qui résultent de la rencontre des faces entre elles, sont les *arêtes* du polyèdre. Les points a, b, c, d,..... par lesquels passent plusieurs arêtes ou plusieurres faces, sont les *sommets*.

Deux faces qui ont une arête commune, par exemple, les faces dbac, et cbag, comprennent entre elles un *angle dièdre* ou à deux faces. — Trois faces qui ont un sommet commun, par exemple, les faces dbac, dbc et cbag, comprennent entre elles un *angle trièdre* ou à trois faces.——— Les sommets du polyèdre appartiennent à des angles *trièdres*, *tétraèdres*, *pentaèdres*, *hexaèdres*, *heptaèdres*,..... selon que 3, 4, 5, 6, 7.... faces y concourent.

Les polyèdres se distinguent aussi entre eux par le nombre de leurs faces. On dit un *tétraèdre*, un *pentaèdre*, un *hexaèdre*, un *heptaèdre*, un *octaèdre*, un *ennéaèdre*, un *décaèdre*,..... selon que le corps a 4, 5, 6, 7, 8, 9, 10,... faces.

Les arêtes, les faces, les angles et les surfaces des polyèdres, telles sont les grandeurs que nous nous proposons de représenter ici, parce qu'elles sont simples et faciles à comprendre.

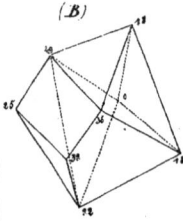

Dans la figure (B), les nombres ou les _côtés_ 18, 22, 25, 0,... qui sont écrits près des sommets du polyèdre, représentent les longueurs des perpendiculaires menées de ces sommets à un même plan fixe, et passant en dehors du polyèdre. Toutes sont mesurées avec une même unité de longueur, le millimètre, par exemple.

— Ces perpendiculaires sont les _projetantes_ des sommets, et leurs pieds en sont les _projections_ — Le plan fixe, qui peut être un tableau, une feuille de papier, ou un mur, se nomme _plan de projection_ — S'il est horizontal, comme on le suppose le plus souvent, les cotes de distance 18, 22, 25... deviennent des _côtes de hauteur_...

Les droites (18.22), (22.25), (25.32),... qui passent par les pieds des projetantes de sommets réunis par des arêtes, sont les _projections_ de ces arêtes. Le plan qui contient une arête, sa projection et les projetantes de ses extrémités, est le _trapèze projetant_ de cette arête — Dans ce _trapèze rectangle_, l'arête forme l'hypoténuse, sa projection en est la _base_, et les projetantes en sont les _côtés_. Ce trapèze peut toujours être tracé, car on connaît sa base et ses deux côtés...

Les _polygones_ (18.22.32.36), (22.25.32),... formés par les projections des arêtes, sont les _projections des faces_ que ces arêtes comprennent entre elles sur le polyèdre... — L'ensemble des projections des faces forme la _projection du polyèdre._

Tout _point coté_ représente et détermine un sommet unique _dans l'espace ou en relief_ — Toute _droite cotée_ représente une arête unique en relief — Tout _triangle coté_ représente une face triangulaire unique en relief... — Un polygone coté ne représente une face plane dans l'espace, qu'autant qu'il satisfait à certaines conditions. On ne peut pas à plus forte raison se donner au hasard la projection cotée d'un polyèdre .... &c.

On dit qu'un sommet est _donné_, qu'une droite est _donnée_, qu'une face est _donnée_, qu'un polyèdre est _donné_, lorsque la projection cotée de ce sommet, de cette arête, de cette face ou de ce polyèdre est _donnée_.

Le polyèdre qui donne pour projection la figure (B), représente des arêtes et des faces dont les projections se superposent, et parmi lesquelles il faut apprendre à se reconnaître sur le dessin. — Les arêtes qui répondent au contour polygonal (13.29.25.22.18), et qui ne se superposent pas en projection, représentent en relief le _contour_ du polyèdre par rapport au plan de projection qu'on a choisi. ....

Tout sommet situé sur le contour ou au-dessus du contour, est un _sommet vu_ { 18, 36, 22, ... } — Toute arête située sur le contour ou au-dessus du contour, est une _arête vue_ { 18·13, 18.36, 32.36 ... }; et toute arête vue est représentée par un trait continu. — Toute arête située au-dessous du contour, est une _arête cachée_, et, comme telle, elle est représentée par un trait discontinu et à points ronds { 22.29, 18.36, ... } — Toute face située au-dessus du contour est une _face vue_ (18.22.32.36) — Toute face située au-dessous du contour est une _face cachée_ (18.22.0) ..... — La projection d'un polyèdre quelconque se compose toujours de deux parties : d'une _partie vue_ qui est tout entière au-dessus du contour, et d'une _partie cachée_ qui se trouve au-dessous. Le contour est la séparation de la _partie vue_ et de la _partie cachée_. — Par une différence dans le tracé de ces parties, on parvient à les distinguer facilement et à obtenir un simple trait qui _fait image_. ....

(B)

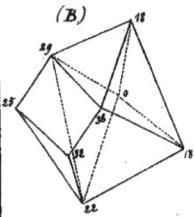

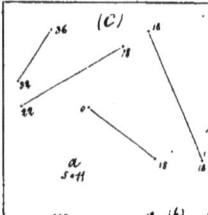

Les figures (C) représentent des arêtes séparées du polyèdre (B) auquel elles appartiennent — L'arête (18.18) est parallèle au plan de projection. — Un point tel que a, qui serait accompagné de deux cotes 5 et 11, représente une arête perpendiculaire au plan de projection........

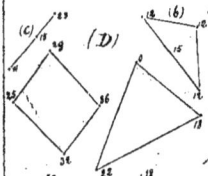

Les figures (D) représentent des faces du polyèdre (B) considérées séparément — Une face (b) dont les trois sommets auraient même cote (12) représenterait une face parallèle au plan de projection — Une autre (c) dont les cotes des sommets (11), (15), (23) seraient sur une même droite, représenterait une face perpendiculaire au plan de projection ....

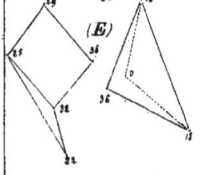

Les figures (E) représentent des angles dièdres du polyèdre (B) considérés séparément — La distinction des parties vues et des parties cachées se déduit de la comparaison des cotes des sommets avec celles des arêtes des angles dièdres.

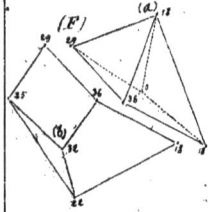

Les figures (F) représentent des angles polyèdres considérés abstraction faite du polyèdre (B) auquel ils appartiennent — L'un (a) a son sommet sur le contour; un autre (b) l'a au-dessus; un 3e (c) l'a au-dessous. (fig H.)

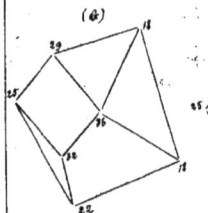

La figure (G) représente la partie vue et convexe du polyèdre (B), considérée séparément. La figure (H) en représente la partie cachée et concave......

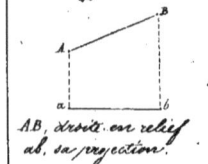

AB, droite en relief
ab, sa projection.

Des grandeurs en relief comparées à leurs projections.

Toute arête en relief est plus grande que sa projection — Elle peut tout au plus lui être égale, et c'est dans le cas où elle est parallèle au plan de projection — Lorsque ce plan est horizontal, la projection représente l'arête réduite à l'horizon.

Toute droite en relief, qui est divisée en un certain nombre de parties égales, ou de toute autre manière, a pour projection une droite divisée en un même nombre de parties égales, ou, généralement, en parties proportionnelles — On a évidemment, d'après une propriété connue de la géométrie plane

$$AM : am :: MN : mn :: NB : nB$$

On a aussi $am : Mm :: an : Nn :: ab : BB$;

c'est-à-dire que l'on monte ou que l'on descend sur la droite en relief de quantités proportionnelles aux chemins que l'on parcourt.

Toute face en relief est plus grande que sa projection; celle-ci est d'autant plus petite que la face est plus près d'être perpendiculaire au plan de projection. Dans ce dernier cas, elle se réduit à une droite — Dans le cas où la face est parallèle au plan de projection, la face en relief et sa projection sont égales — Si le plan de projection est horizontal, la projection représente la face réduite à l'horizon.

Tout angle en relief diffère de sa projection, excepté dans le cas où ses côtés sont parallèles au plan de projection. Il peut être plus grand ou plus petit que sa projection. Celle-ci peut diminuer jusqu'à devenir un angle de zéro degrés, comme elle peut augmenter jusqu'à devenir un angle de 180 degrés.

Un angle droit ne peut avoir un autre angle droit pour projection, que dans le cas où l'un de ses côtés est parallèle au plan de projection — La projection cotée (9.9.15) représente un angle droit en relief.

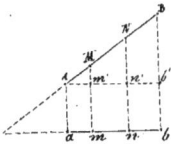

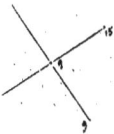

Problèmes.

1. _Trouver la vraie grandeur d'une arête donnée_ (6.13)

Elle est l'hypothénuse xy du trapèze projetant de la droite, trapèze qu'on peut tracer facilement, en prenant le millimètre, par exemple, pour unité de longueur........

Résultat : xy = 27 millimètres.

Remarque. Le triangle rectangle xyz, dans lequel le côté yz est la différence des deux cotes données, peut remplacer le trapèze. C'est une figure un peu plus simple à construire, à laquelle on a souvent recours dans la pratique du dessin.

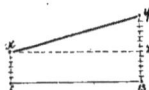

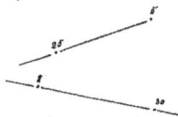

Une arête est une droite limitée dans les deux sens. La projection cotée (5.25) représente une droite limitée dans un sens (en descendant.) — La projection cotée (8.30) représente une droite illimitée dans les deux sens.

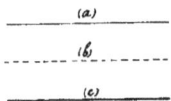

Dans les tracés, on est convenu de distinguer les lignes données par un trait continu et fin (a); les lignes de construction par un trait discontinu (b); les lignes de résultat par un trait continu et gros (c).

2. _Trouver sur une arête donnée_ (3-12) _un point qui soit distant d'une de ses extrémités_ (3) _d'une longueur donnée_ (31 mm)

Soit x un point pris à volonté, mais tel que (3.x) soit moindre que 21 mm; vérifiez, à l'aide du trapèze projetant si par hasard, les points (3) et (x) ne comprendraient pas en relief la longueur donnée — Généralement, la droite ax sera plus grande ou plus petite que 21 mm Prenez ay' = 21 mm et abaissez la perpend. y'y à la base; le point y est le point demandé.

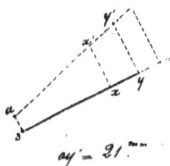

ay' = 31 mm

3. Une arête étant donnée (3.10), trouver son point de rencontre avec le plan de projection.

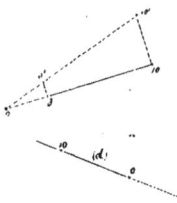

Ce point est celui dont la cote est zéro. On l'obtient immédiatement en construisant le trapèze projetant, et en déterminant le point de rencontre de l'hypothénuse et de la base, prolongées l'une et l'autre. Ce point est le *pied* de la droite. C'est aussi sa *trace*. Une droite (d) peut être donnée par son pied (0) et un autre de ses points (10). Au-delà du pied, la droite est *cachée*, donc sa projection doit être *pointillée*.

Une arête étant donnée (4.12), mesurer son inclinaison sur le plan de projection.

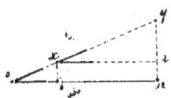

Cette inclinaison se mesure par l'angle que la droite en relief fait avec sa projection. Construisez le trapèze projetant; l'angle compris entre l'hypothénuse et la base, et qui a son sommet au point (0), est l'angle cherché. On peut lui substituer l'angle zxy qui lui est égal.

Lorsque le plan de projection est horizontal, l'inclinaison prend le nom de *pente*. Cette dénomination est consacrée par l'usage. On est aussi dans l'usage d'exprimer la pente par un rapport de droites, par celui de la base du trapèze à la différence des cotes de l'arête donnée. Par exemple, la pente de la droite (5.13) est donnée par le rapport $\frac{xz}{zy}$ ou $\frac{24^{mm}}{8^{mm}}$ ou $\frac{3}{1}$. On dit, pour abréger, que c'est une pente de 3 sur 1 (3 de base sur 1 de hauteur). La longueur de la base forme toujours le premier terme du rapport. Exemples:

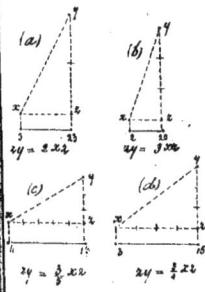

(a). droite dont la pente est $\frac{1}{2}$ (1 sur 2)

(b). droite dont la pente est $\frac{1}{3}$ (1 sur 3)

(c). droite dont la pente est $\frac{5}{3}$ (5 sur 3)

(d). droite dont la pente est $\frac{4}{3}$ (4 sur 3)

&c.

5. *Connaissant la projection d'un point (x) d'une arête donnée (4. 11), trouver la cote de ce point.*

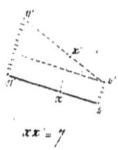

Construisez le trapèze projetant de l'arête donnée (4. 11), et élevez la perpendiculaire xx' dont la longueur, mesurée en millimètres, représente la cote demandée (7) ....

Remarques. On évalue à vue la moitié, le tiers ou le quart d'un millimètre, et l'on néglige le reste qui est au-dessous de l'erreur que produit inévitablement l'épaisseur du crayon du dessinateur.

Si le point x se trouvait à la moitié, au tiers, au quart .... de la droite donnée, à partir du point le plus bas, la cote cherchée serait égale à celle du point le plus bas, augmentée de la ½, du ⅓ du ¼ ...... de la différence des cotes 11 et 14 ....

xx' = 7

6. *Connaissant la cote d'un point d'une arête donnée (3. 14), trouver la projection de ce point.*

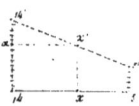

Construisez le trapèze projetant de l'arête donnée; prenez la distance (14. a) de 9 millim.; tracez la parallèle ax à la base, et abaissez la perpendiculaire xx' à cette base — x est le point dont la cote est (9). Il peut arriver que le point x se trouve sur l'un ou l'autre prolongement de l'arête ....

7. *Une arête étant donnée (3-18), construire son échelle d'inclinaison.*

Prenez la différence 15 des cotes 3 et 18; divisez la projection (3.18) en autant de parties égales qu'il y a d'unités dans cette différence; cotez les points de division; et l'échelle est construite.

D'un point de division à celui qui le suit, on monte ou l'on descend d'un millimètre; selon le sens suivant lequel on se dirige. On peut prolonger l'échelle à volonté ....

Lorsque l'arête est donnée par des cotes fractionnaires (5,7,25), il faut d'abord déterminer, en deçà ou au delà de la cote fractionnaire, un point qui ait pour cote un nombre entier (6 ou 8...) ......

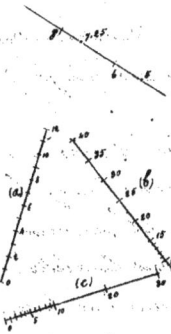

Exemples — Fig (a), (b), (c) — Lorsque les points de division sont très rapprochés, on se contente, pour éviter la confusion, d'écrire des cotes de deux en deux, ou de trois en trois ...... points de division.

Lorsque le plan de projection est horizontal, l'échelle d'inclinaison prend le nom d'échelle de pente — Rien de plus simple que de trouver sur une droite donnée par son échelle de pente, la cote ou la projection d'un point, connaissant sa projection ou sa cote.

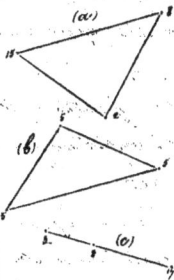

———————

8. Tracer la projection cotée d'une face polygonale.

1° Projection cotée d'une face triangulaire. Trois points cotés (2), (8), (15) pris au hasard et réunis deux à deux par des droites, représentent en relief une face triangulaire — (a) face dans une position quelconque — (b) face parallèle au plan de projection — (c) face perpendiculaire au plan de projection ......

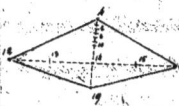

2° Projection cotée d'une face quadrangulaire. Tracez la projection cotée (4. 12. 16) d'une face triangulaire ; joignez le sommet (4) à un point quelconque (11) du côté (12. 16) ; marquez un point quelconque (19) de la droite (4. 14) ; tracez les droites (12. 19) et (16. 19) — La figure (4. 12. 19. 16) représente en relief un quadrilatère plan, dont les droites (4. 19) et (12. 16), qui se rencontrent au point (14) sont les diagonales ...... Le choix des points (14) et

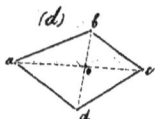

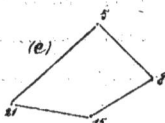

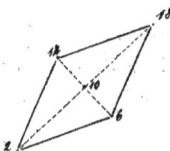

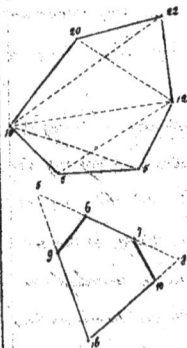

(19) peut simplifier beaucoup l'opération.

(d). Quatre points a, b, c, d, pris à volonté sur deux droites ab et bc qui se rencontrent, déterminent toujours une face plane en relief ......

(e) quatre points (5), (8), (15), (21), pris au hasard déterminent en relief un quadrilatère non plan, auquel l'usage a consacré le nom de quadrilatère gauche. Il comprend deux angles dièdres dont les diagonales sont les arêtes ......

Si le quadrilatère doit être un parallélogramme, la construction se simplifie : Tracez le triangle (14.18.2) ; joignez le sommet (14) avec le point milieu (10) du côté opposé (18.2), et prenez sur cette droite le point (6) situé à la même distance du point (10), que celui-ci l'est du point (14). La projection cotée (14.18.6.2) représente en relief un parallélogramme, car les diagonales (6.14) et (18.2) se coupent en parties égales au point (10).

Remarque. On voit que pour avoir les projections de deux droites parallèles en relief, il suffit de les considérer comme appartenant à une face parallélogrammique ....

3°. Projection cotée d'une face polygonale. Rien de plus simple, puisque l'on sait trouver un 4.e point situé dans le plan de trois autres points donnés. Tracez un premier triangle (5.8.10), puis un deuxième (10.5.12) qui soit dans le même plan que lui, puis un troisième qui soit dans le même plan que les deux premiers, puis un quatrième (10.20.22) &.

On peut encore partir d'un triangle (5.8.16), en tronquer un sommet pour en faire un quadrilatère, puis ...... &.e

Remarque. Pour qu'une face, qui est une portion limitée de l'étendue plane, représente un plan illimité, il suffit,

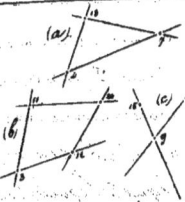

(a), plan représenté par trois points, ou par un triangle dont les côtés sont prolongés. — (b) et (c), plan représenté par un quadrilatère ou par deux droites qui se coupent.

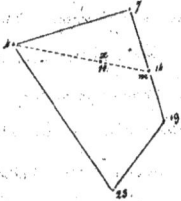

9. Une face étant donnée (4.7.19.23), trouver la cote d'un de ses points (x) dont la projection est donnée.

Joignez le point (x) avec un point connu (4) d'une arête; cherchez la cote (14) du point (m) de l'arête (7.19); cherchez la cote du point (x) de la droite (4.14). Cette cote est celle du point (x) de la face donnée.

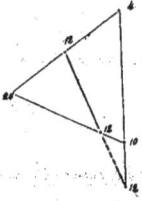

10. Une face étant donnée (4.10.20), trouver la projection d'un de ses points dont la cote est donnée (12).

Le point (12) de chacun des côtés de la face donnée répond à la question. Il en est de même de tout point de la droite (12.12.12) qui les contient nécessairement, et qui est parallèle au plan de projection..............

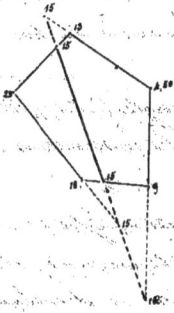

11. Trouver sur une face donnée (9.13.23.13.4.30), la projection d'une droite parallèle au plan de projection, dont la cote est donnée (15).

Cherchez le point (15) des arêtes (9.13) et (13.23). — La droite (15.15) qui les joint, est la droite demandée. — Comme vérification les points (15) des autres arêtes doivent se trouver sur cette droite..............

Par tout point d'une face il passe une parallèle au plan de projection. Cette est une horizontale, lorsque le plan de projection est horizontal. — Toutes les horizontales d'une face sont des droites parallèles entre elles, de sorte que connaissant une horizontale,

(a)

(b)

(c)

(d)

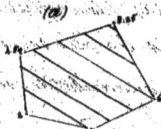

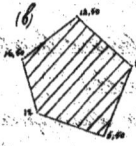

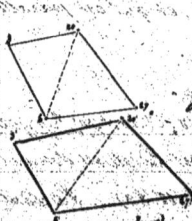

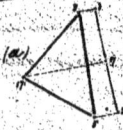

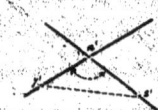

et un point d'une autre, on peut tracer cette dernière. — La considération des horizontales est très-utile dans la pratique du dessin. La fig. (a) présente une face sur laquelle on a tracé une suite d'horizontales équidistantes de 1 millimètre en relief. La fig. (b) en présente un autre exemple, dans lequel l'équidistance est la même. À équidistance égale, l'écartement des horizontales sur deux faces différentes permet de comparer immédiatement leurs pentes. — (a), pente plus rapide. — (b), pente rapide.

Quelquefois on substitue aux horizontales d'une face les lignes de plus grande pente, qu'elles comprennent entre elles. Alors on les dispose comme les figures (c) et (d) l'indiquent, afin que la longueur des lignes de plus grande pente, ainsi brisées, reproduise les horizontales dont elles dérivent. — L'écartement des lignes de pente doit être dans un certain rapport avec l'écartement des horizontales équidistantes.

12. Trouver la vraie grandeur d'une face polygonale donnée.

Décomposez cette face en triangles, construisez la vraie grandeur de chacun de ces triangles, et assemblez-les sur le papier comme ils sont assemblés en relief. — Quant à trouver la vraie grandeur d'un triangle, cela revient à chercher successivement celle des trois côtés. &c.

Si le polygone donné, par exemple le triangle (3. 6. 17.) est perpendiculaire au plan de projection, les constructions se simplifient beaucoup. (fig. a)

Pour trouver la vraie grandeur du quatre angles que comprennent entre elles deux droites qui se coupent, il suffit d'appuyer un triangle sur ces droites, et d'en déduire la vraie grandeur. (fig. b)

13. *Une face étant donnée* (5.8.30), trouver la distance d'un des sommets à une côté.

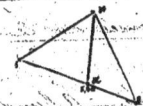

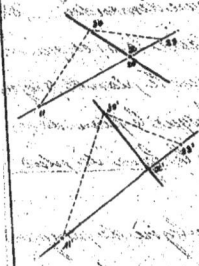

Soit à trouver la distance du sommet (30) à l'arrête (5.8) —
Construisez la vraie grandeur (5.8.30) de la face donnée, et chercher sur cette figure la distance du point (30) au côté (5.8).
Le perpendiculaire 30 x est la vraie longueur de la distance demandée. Il est facile de trouver la projection côté (30.3.60) de la droite (30.x) qui répond à (30.x).

On sait aussi mener par un point une perpendiculaire à une droite (11.23) — En effet, appuyez un triangle sur la droite et le point donnés, construisez-le en vraie grandeur.
On sait aussi se donner un triangle rectangle, un carré, enfin toutes les combinaisons de droites dans lesquelles il y ait des angles droits. On sait enfin résoudre toutes les questions qu'on peut se proposer sur des grandeurs situées dans un même plan — *Exemples* de donner une face polygonale régulière, et que suite la projection côté du cercle circonscrit ou inscrit aux sommets de cette face.

(Voyez plus loin un moyen plus simple de résoudre la même question.)

14. *Trouver la trace d'une face prolongée.*

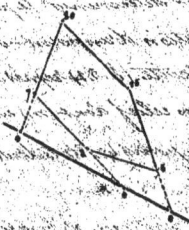

On appelle trace la droite de rencontre du plan de projection avec la face prolongée. Cherchez le pied (1) des deux arêtes (7.20) et (6.18) — La droite (1.1) est la trace demandée — Comme vérification, les pieds des autres arêtes doivent se trouver sur cette droite.

On se donne souvent le plan d'une face par sa trace, et un point quelconque.

15. Mesurer l'inclinaison d'une face donnée sur le plan de projection.

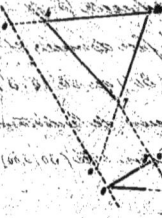

Construire la trace (o.o) de la face prolongée. — A l'un des pieds (o) menant la perpendiculaire (o.o) à la trace, dans le plan de la face donnée, et la perpendiculaire (o.o) à cette même trace dans le plan de projection. On trouve le vrai grandeur (o.o.o) du triangle rectangle (o.o.o). — L'angle rectiligne (o.o.o) de ce triangle est la mesure demandée .... &c.

La droite (o.o), perpendiculaire à la trace (o.o) et qui sert à mesurer l'inclinaison de la face sur le plan de projection, est la ligne de plus grande pente, lorsque le plan de projection est horizontal. Autrement, c'est la ligne de plus grande inclinaison.

Par tout point d'une face il passe une ligne de plus grande pente. Toutes les lignes de plus grande pente d'une face sont parallèles entre elles.

Par tout point d'une face il passe une horizontale et une ligne de plus grande pente. Ces deux lignes représentent parfaitement le plan de cette face. L'horizontale fixe la direction du plan; la ligne de plus grande pente en fixe l'inclinaison.

Remarque. Toute droite cotée (8.21) qu'on sait être ligne de plus grande pente d'une face suffit pour déterminer le plan de cette face. — En effet, soit (m) la projection d'un point de la face, la projection verticale (m.p) à la droite (8.21) exprime la projection de l'horizontale des points en relief dont (m) est la projection. Cherchez la cote (11) de la projection (p) de la droite (8.21); cette cote est celle du point (m).

Le plan d'une face est déterminé par sa trace et l'angle rectiligne qui mesure son inclinaison sur le plan de projection.

C'est ainsi que, dans les arts de construction (topographie, ponts),
on détermine la position de certains plans dont on fait usage.
Ainsi on dit un talus à 45°, à 80°, ou bien un talus à ⅓
(1 sur 2), à ¼ (1 sur 4 ou 45°), à ⅔ (2 sur 3),..... — On dit aussi
une rampe à 10°, à 20°, ou bien à ⅔ (2 sur 1), à ¼ (1 sur 1)
à ½ (1 sur 4 ou au quart).... Les talus sont des plans inclinés
au-dessus de 45°, ainsi le sont les murs d'escarpe et de contre-
escarpe des ouvrages de fortification; dans ce cas la trace du plan
est le pied du talus.... Les rampes sont des plans inclinés
au-dessous de 45°; il y en a de douces et de rapides, selon
qu'elles se rapprochent plus ou moins du plan horizontal.
Le pied de la rampe est la trace de son plan sur le plan
horizontal.....

16. Tracer l'échelle de pente d'une face donnée.

Tracez l'horizontale (9.9), ou toute autre. Tracez la ligne de
plus grande pente (11.9), ou toute autre, et divisez-la en quatre
parties égales (11 moins 9).

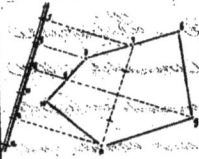

Pour éviter la confusion, on est dans l'usage de sortir l'échelle
de pente de la figure, en la faisant mouvoir perpendiculairement
à l'horizontale et parallèlement à elle-même....

Remarques. On fait un fréquent usage des échelles de
pente pour la représentation des plans. C'est que ce moyen
est en effet très simple, et qu'il facilite beaucoup les opérations
qui peuvent avoir à exécuter dans un plan.

Exemples. Fig. ..., plan très incliné. La côte m 526 =
..... échelle d'une perpendiculaire à l'échelle. Lorsque le pied
de la perpendiculaire ne tombe pas sur un point de division,
on estime à vue la partie fractionnaire. Pour cela il convient

que les diverses divisions de l'échelle soient assez rapprochées pour que l'on ne soit pas exposé à commettre une erreur sensible.

Fig (b), plan incliné à 45°. On s'est servi de l'échelle pour construire dans ce plan un quadrilatère (10. 32. 27. 42).

Fig (c), plan peu incliné dans lequel on a construit à l'aide de l'échelle de pentes, une droite (5. 20. 2) d'une longueur donnée (25 mm) en relief.

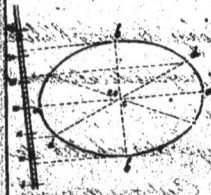

Fig (d). — On s'est servi de l'échelle de pentes pour résoudre la question suivante : Un point (30) étant donné dans un plan, construire la projection cotée du lieu de tous les points situés dans ce plan à une distance donnée (16 mm) du point (30).

Tracez l'horizontale (28. 80), et portez sur elle les distances ca de 16 millim. Les points a, cotés 30, appartiennent au lieu demandé. Tracez la ligne de plus grande pente bb du point donné, et portez sur elle les distances cb égales à la distance donnée réduite suivant les lignes de plus grande pente. — Le rapporteur projetant de l'échelle de pentes (fig c) fait connaître cette réduction. Les points b, cotés 9 et 51, appartiennent au lieu demandé. Tracez dans le plan et par le point donné, une droite quelconque cde et cherchez sur elle un point d qui comprenne entre lui et le point (30) la longueur donnée (16 mm). Les points d, cotés 30 et 51, appartiennent au lieu demandé. Cherchez de la même manière autant d'autres points que vous le jugerez convenable, et réunissez les tous par une courbe continue. Cette courbe sera .... de points .... sera la projection du lieu géométrique demandé. L'échelle de pentes .... les cotes de tout .... les points a, b, d, ... qui ont été déterminés directement.

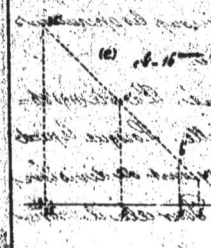

En relief c'est-à-dire dans le plan donné, le lieu géométrique des points en question est une circonférence de cercle de 15ᵐ de rayon. En projection, c'est une ellipse dont le grand axe aa est égal au diamètre horizontal (20.20) du cercle en relief, et dont le petit axe bb est égal au diamètre (9.31) réduit suivant la ligne de plus grande pente — Ces axes étant donnés, on peut trouver l'... ... autour de ... qu'on veut. (*)

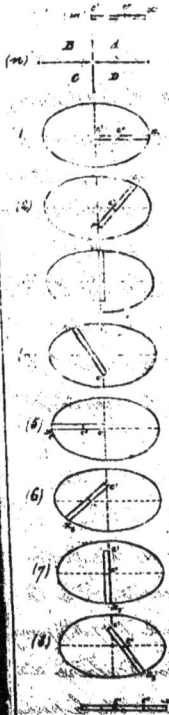

(*) (m), petite bande de papier fort, dont la longueur $c'x$ est égale au demi-grand axe de l'ellipse à construire. Sa largeur est indifférente — La distance cc' est égale à la différence des ... des ... (Excentricité) (m), les deux axes tracés par... ... ... A, B, C, D, les quatre angles droits qu'ils comprennent — Fig (1), position de la bande qui donne l'extrémité du grand axe. — Fig (2), position de la bande qui donne un point de l'ellipse dans l'angle A. — Fig (3), position qui donne l'extrémité du petit axe — Fig (4), point z dans l'angle B — Fig (5), l'autre extrémité z du grand axe — Fig (6), point z dans l'angle C — Fig (7), l'autre extrémité du petit axe. — Fig (8), point z dans l'angle D.........

On peut, pour faciliter le maniement de la petite bande de papier la prolonger au-delà du point c'. Les doigts de la main gauche tiennent à s'appuyer sur le prolongement........

De tous les moyens de tracer une ellipse par points, celui-ci est le plus commode pour la pratique. Il existe des compas ... dont la construction est basée sur le même principe et qui servent à tracer les ellipses d'un mouvement continu.

17. Rabattre une face donnée.

En relief, rabattre une face, c'est la faire tourner autour d'une de ses horizontales comme charnière jusqu'à ce qu'elle soit devenue parallèle au plan de projection. Lorsque la trace est la charnière, le plan de la face se confond avec le plan de projection — En projection, c'est construire sur la charnière comme base la vraie grandeur de chacune des deux parties (17.1.11.17) et (17.23.32.17) suivant lesquelles la face se trouve divisée par l'horizontale.

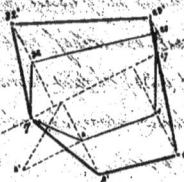

Remarques. Le mouvement de charnière est tel, que les points correspondants 1 et 1', 11 et 11', 32 et 32', 23 et 23' doivent se trouver sur une même perpendiculaire à la charnière (17.17).

Tous les points des côtés ou de leurs prolongements, situés sur la charnière, ne changent pas de place, d'où il résulte un moyen de vérification ou de simplification — (Voy. la figure a).

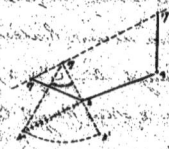

La perpendiculaire (17.11) à l'horizontale représente la ligne de plus grande pente du point (11), et la ligne (17.11) en est la vraie grandeur. Ces lignes, et l'angle qui mesure la pente de la face donnée, se trouvent dans le triangle projetant (17.11.17) de la droite (17.11).

Cette remarque indique le moyen de relever un point qu'on suppose dû le rabattement d'une face donnée. Soit (a) un point du rabattement de la face (17.17.11). La projection de ce point relevé se trouve sur la perpendiculaire (a.17) à la charnière — Faites l'angle (a.17.17) égal à l'angle (17.17.11), la distance 17.a égale à 17.a, et élevant la perpendiculaire a.a à a et la projection du point relevé, et la longueur de la perpendiculaire a.a en est la hauteur (11) au dessus de l'horizontale (17.17).

Du rabattement et du relèvement d'un point, d'une face donnée, on déduit le moyen très prompt de résoudre toutes les questions qu'on peut se proposer sur des grandeurs situées dans le plan de cette face. En effet, on peut rabattre la face et les données de la question, résoudre la question en rabattement, d'après les procédés de la géométrie plane, puis relever le résultat.

Exemples : de donner un triangle rectangle — de donner une face polygonale régulière — Par un point donné mener une tangente à un cercle donné ..... &c.

Les opérations sont beaucoup simplifiées lorsqu'on fait usage des échelles de pente. La droite (10-60) parallèle à l'échelle (10-60), égale à la vraie grandeur de cette droite, et divisée en un même nombre de parties égales, représente le plan rabattu — c'est le rayon d'un cercle donné en rabattement ; m't. tangente menée à ce cercle par le point m' — Par le relèvement, on déduit immédiatement l'ellipse projection du cercle et la tangente mt à ce arc en relief.

13. Trouver la projection sur d'une droite perpendiculaire à une face donnée.

La droite perpendiculaire à la face (1.11.29.31) au point (16) est perpendiculaire à toutes les droites qui passent par ce point dans le plan de la face. Elle est donc perpendiculaire à l'horizontale (16.16') et à la ligne de plus grande pente (16.16). Donc déjà sa projection est connue, car elle est la même que celle de la ligne de plus grande pente ; un pied (16) est donné, il ne reste donc plus qu'à trouver un second

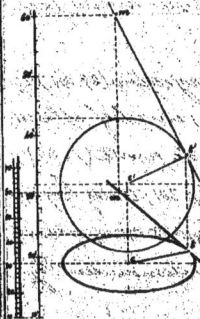

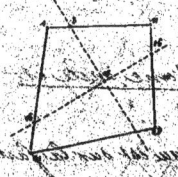

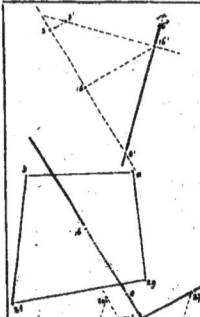

point de cette droite.

Construisez le trapèze projetant de la ligne de plus grande pente, et élevez la perpendiculaire (16.0') à l'hypothénuse. Le point (0') répond au pied (0) de la perpendiculaire demandée — Prenez la distance (16.0) égale à (16.0'). La droite (0.16) est une droite perpendiculaire à la face donnée — La fig. (a) montre la face et sa perpendiculaire dégagées des lignes de construction.

On peut aussi *abaisser une perpendiculaire à une face donnée* (5.10.25).

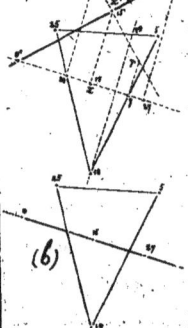

La perpendiculaire demandée a sa projection (27.x) perpendiculaire à l'horizontale (10.10) de la face; en relief elle est perpendiculaire à la ligne de plus grande pente (7.20); construisez le trapèze projetant de la droite (7.20); tracez le, perpendiculaire (27.x) à l'hypothénuse — Le point x correspondant du point x' est le pied de la perpendiculaire demandée. Voy. le fig. (b)

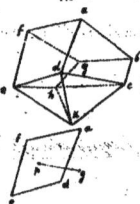

Donc on sait trouver la distance d'un sommet à une face adof, dont il ne fait pas partie, et, en général, *la distance d'un point à un plan* — La longueur comprise entre le point g et le pied p de la perpendiculaire, est la distance demandée.

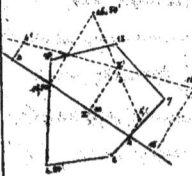

19. *Trouver le point de rencontre d'une arête et d'une face données*.

L'arête donnée (2.15) et la droite (2.16.50) qui est sur la face donnée (2.7.18.20.2.50), sont dans un même plan projetant, car leurs projections se superposent. Leur point de rencontre est évidemment le point demandé — Construisez le trapèze-projettant de chacune de ces droites, et marquez le point de rencontre *x* des deux hypothénuses — Le point *x*, correspondant du point *x'* est le point de rencontre cherché.

20. Mesurer l'inclinaison d'une arête sur une face.

L'inclinaison d'une droite sur un plan se mesure par l'angle que cette droite fait avec sa projection sur ce plan.

(14), point de rencontre de la droite donnée (0.18) avec la face donnée (5.10.30.20). Ce point est lui-même sa projection sur le plan de la face — (48.24), perpendiculaire abaissé sur la face — (14.24), projection de la droite (0.18) sur la face — Résultat : l'angle (48.14.24) qui mesure l'inclinaison de l'arête (48.0) sur la face (5.10.30.20).

21. Mesurer la distance qui sépare deux arêtes non situées dans un même plan

Tels sont les côtés opposés ab et cd, ad, et bc d'un quadrilatère gauche abcd (fig 1 et 2) — On entend par distance entre ces côtés, la longueur de la plus courte de toutes les droites (1.1), (2.2), (3.3)..... qu'il est possible d'appuyer à la fois sur l'un et sur l'autre côté —

(15.35) et (29.37) les deux droites données — Tracez la droite (28.28) parallèle à (29.37) et passant par un point (28) de la droite (15.35). Les deux droites données ne peuvent pas avoir de plus grand rapprochement entre elles que celui qui existe entre la droite (29.37) et le plan auxiliaire (28.28.35) — La perpendiculaire (29.20) abaissée sur le plan auxiliaire est la distance demandée. De toutes ces perpendiculaires celle qui dont le pied p. est sur la droite (15.35), est la perpendiculaire commune, où la distance dans sa vraie position.

Angles polyèdres.

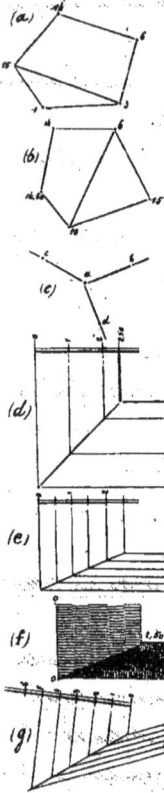

22. Se donner un angle dièdre.

On se donne l'arête à volonté, et l'on appuie sur elle deux faces polygonales — Seulement on combine les côtés des faces et celles de l'arête, de manière à obtenir soit un angle dièdre convexe (fig. a), soit un angle dièdre concave (fig. b) — Trois droites en relief (fig. c) passant par un même point déterminent trois angles dièdres.

Fig (d), angle dièdre donné par les échelles de pente de deux plans. L'arête de l'angle résulte de la rencontre des horizontales de même côte — Cette figure représente une portion de glacis (ouvrage de fortification) dont l'angle horizontal (2,50) est la ligne de feu, et dont la trace (o.o.o) est le pied.

On peut, (fig e), en rapprochant assez les horizontales des faces, donner de l'expression à la représentation, surtout lorsqu'il y a une différence de pente assez marquée dans les faces — L'arête de cet angle dièdre est saillante

Fig (f), le même angle représenté avec les lignes de plus grande pente ....

Fig (g), autre exemple, dans lequel l'arête est rentrante ou en gouttière.

23. Construire le développement d'un angle dièdre donné

Développer un angle dièdre, consiste 1°. à faire tourner une des faces autour de l'arête comme charnière, jusqu'à ce qu'elle soit arrivée dans le plan de l'autre face ; 2°. à construire dans sa vraie grandeur la figure qui résulte de la réunion des deux faces. Le développement est une espèce de rabattement ....

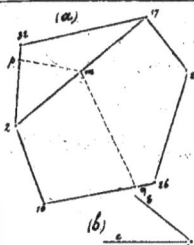

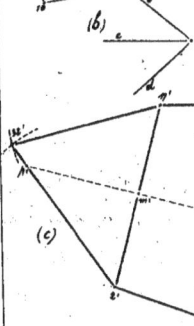

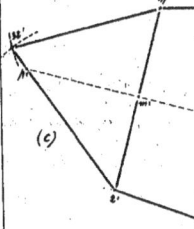

Construisez la vraie grandeur (2′.17′) de l'arête, et sur elle comme base, tracez un triangle (2′.17′.32′) égal à la vraie grandeur de la face (2.17.32) ; puis, sur cette même base, un pentagone (2′.17′.26′.26′.10′) égal à la vraie grandeur de la face (2.17.26.26.10)..... La fig.(c) représente le développement demandé.

Trois droites passant par un même point représentent toujours le développement d'un angle dièdre (fig. b)

Remarque. Soit m′ fixe un point de la charnière, m′p une perpendiculaire à cette ligne dans le plan de la face triangulaire, m′q une perpendiculaire à la même ligne dans le plan de la face pentagonale. Il est évident que les droites m′p et m′q ne cessent pas pendant le mouvement, d'être perpendiculaires entre elles ; de sorte que le développement étant effectué, elles ne forment plus (fig c) qu'une seule droite, p′m′q′ perpendiculaire à la charnière (2′.17′). Donc, si l'on mène une perpendiculaire quelconque p′q′ à la charnière sur le développement, et si, à l'aide des vraies distances (m′.17), (p′.32) et (q′.26), on construit sur la projection cotée les points m, p et q, on obtient la projection cotée de l'angle pmq qui mesure l'inclinaison des faces de l'angle dièdre ; angle dont les côtés sont connus en vraie grandeur.

Mesurer l'inclinaison des faces d'un angle dièdre donné.

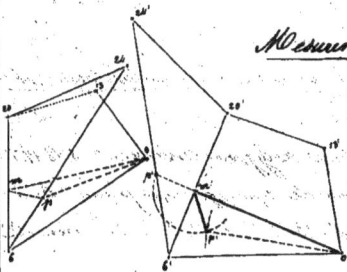

Développez l'angle donné — Sur le développement tracez la perpendiculaire (8m′.p) à la charnière (6.20) Marquez sur la projection cotée de l'angle dièdre les points o, m et p correspondants de o′; m′et p′; achevez le triangle (o.m.p), et construisez-en la

race grandeur sur le côté (m'o') comme base (ou sur le côté m'p') —
L'angle p'm'o mesure l'inclinaison des faces de l'angle dièdre
donné.

Selon que cet angle est droit, aigu ou obtus, l'angle dièdre est
lui-même droit, aigu ou obtus.

24. Exécuter le relief d'un angle dièdre donné.

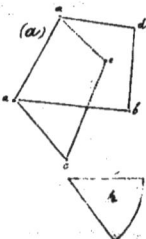

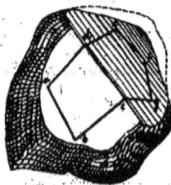

1° _En carton._ Découpez un morceau de carton mince
égal au développement de l'angle dièdre ; coupez à moitié
le carton suivant l'arête et du côté opposé à l'ouverture de l'angle ; enfin, ployez les faces (fig. a) jusqu'à ce qu'elles comprennent
entre elles le patron p qui donne la mesure de leur in dimension...... On pourrait se donner à la place du patron p l'angle
que les arêtes ab et ac comprennent entre elle ...... l'espace

2° _En m... de...._ (bois, pier ......) D...... ......
le bloc de pierre, et sur ce plan tracez ... face égale à l'une
de celles du développement de l'angle dièdre — D...... un ...
plan passant par l'arête et faisant avec le premier un angle
égal à celui qui mesure l'inclinaison des faces — _L'équerre
à charnière,_ ouverte et maintenue suivant cet angle, est l'
l'instrument qui sert de guide dans ce travail — Enfin,
dans le nouveau plan et sur l'arête comme base, tracez la
seconde face de l'angle, prise sur le développement.

25. Se donner un angle polyèdre convexe, le développer, et en exécuter le relief.

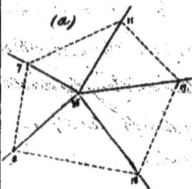

Tracez la projection ... d'un polygone convexe (7. 8. 13. 17. 18.)
Marquez un point (35) en dehors de ce polygone, et joignez-le à
tous les sommets par des droites (35.11), (35.18). —— J'assemble

de toutes ces droites donner (fig. a) la projection cotée d'un angle polyèdre convexe.

Un angle polyèdre peut avoir un ou plusieurs angles dièdres droits — Un angle trièdre est <u>rectangle</u>, <u>bi-rectan-gle</u> ou <u>tri-rectangle</u>, selon qu'il a un, deux ou trois angles dièdres droits.

Si, deux des trois arêtes comprennent entre elles un angle quelconque (2.20.27), tandis que la troisième (7.20) est perpendiculaire au plan de cet angle, l'angle trièdre est <u>bi-rectangle</u>.

Si, les trois arêtes sont perpendiculaires entre elles deux à deux, l'angle trièdre (15.0.4.5) est <u>tri-rectangle</u>.

Il est <u>rectangle</u>, lorsque deux des trois faces sont per-pendiculaires entre elles, la troisième étant quelconque par rapport à celles-ci.

Trois droites quelconques passant par un même point représentent un angle trièdre en relief (fig. b).

(Fig c), angle trièdre convexe dont les faces sont données par leur échelle de pente.

Fig (d), autre exemple.

La fig. (e) représente le développement de l'angle (a), opé-ration sur laquelle il n'y a pas lieu de s'étendre. On y trouve aussi les angles rectilignes m, n, p, q, r qui mesurent l'inclinaison des faces des angles dont les arêtes respectives sont (7.35), (8.35), (18.35), (17.35), (11.35).

Quatre droites (fig. f) passant par un même point représentent le développement d'un angle trièdre — Les deux droites <u>se</u> répondent à la même arête en relief.

Exécution du relief—rien de plus simple.

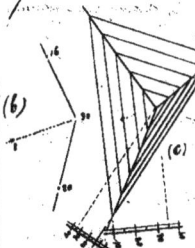

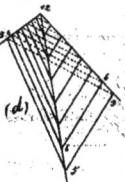

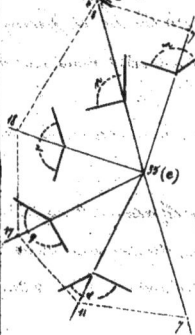

1° *En carton*. Découpez une feuille mince suivant la figure (7.8.18.17.11.7) du développement, et donnez un coup de tranchant suivant chaque arête, au *verso* de la figure. Faites en carton les patrons des angles m, n, p, q, r; pliez la figure suivant les arêtes, et joignez les lignes extrêmes (7.35) en faisant que les faces adjacentes soient inclinées entre elles comme l'indiquent les patrons. —————

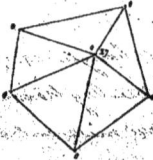

Si l'angle est trièdre, les patrons sont inutiles. —————

2° *En matière solide*. Dressez un plan sur la matière, et tracez-y une face du développement — Faites les deux faces adjacentes à celle-ci à l'aide de la fausse équerre; puis faites de la même manière les faces adjacentes à celles-ci. Comme vérification, vous devez trouver pour l'inclinaison de ces deux dernières, qui forment l'angle, celle que donne le dessin.

————————

Polyèdres.

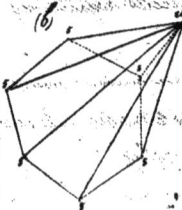

26 Se donner une pyramide.

Tracez la projection ctée du polygone de la base; prenez le sommet à volonté, et joignez-le à chacun des sommets de la base.

La hauteur d'une pyramide est égale à la distance du sommet à la base.

Fig (a). Pyramide dont la base repose sur le plan de projection et dont le sommet, situé en deçà de la base, se projette dans son intérieur — Sa hauteur est égale à la distance (o. 8). de 8. Toutes les arêtes sont vues.

Fig (b). Pyramide dont la base est parallèle au plan de pro=
jection, et dont le sommet, situé en deçà de la base, se projette
en dehors — La base est cachée par le corps — Sa hauteur est
marquée par la perpendiculaire (0. 24) à la base.

Fig (c). Pyramide dont la base, qui a une position quelconque,
cache une partie du corps, le sommet étant placé au–delà —
Sa hauteur est la droite (3–22).

Cas particuliers. Quatre points pris au hasard, (fig d) et
(fig (e)) et réunis deux à deux par des droites, déterminent
un tétraèdre, dont la base peut être vue ou cachée, selon la
côte du point pris pour sommet, comparée à celles des trois au=
tres qui forment la base — Un tétraèdre a quatre bases, quatre
sommets, et par suite, quatre hauteurs.

Un point x est déterminé de position dans l'espace, lors=
qu'on connaît sa distance à trois autres points donnés (4), (2),
(3), (fig f), ou (5), (7), (11), (fig g) — Le tétraèdre joue dans l'espace
le même rôle que le triangle joue dans la géométrie plane —
Il est invariable et indécomposable.

Pyramide creuse. Formez un angle trièdre qui ait son
sommet dans l'intérieur de la pyramide donnée (39. 0. 5. 15) et
dont les arêtes soient parallèles à celles du sommet trièdre (39); puis
prenez sur ces arêtes trois points (4), (8), (15), tels que la face (4. 8. 15)
soit parallèle à la face (0. 5. 15) — Le résultat est une pyramide
creuse dont la surface intérieure est parallèle à la surface ex=
térieure — Quant à l'épaisseur, c'est-à-dire, à la distance entre
les faces parallèles, on n'en a pas tenu compte; elle est une consé=
quence des opérations du tracé — Dans le cas d'une pyra=
mide triangulaire, on pourrait s'imposer la condition d'égalité
d'épaisseur.

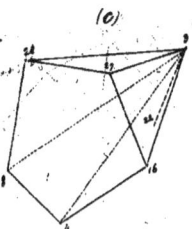

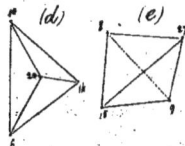

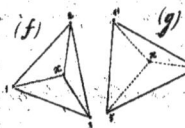

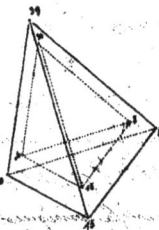

27. De donner un prisme.

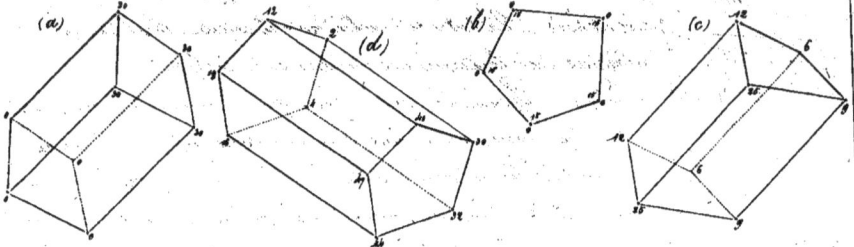

Tracez la projection cotée du polygone de la base — Menez par un des sommets une droite quelconque, et, par chacun des autres sommets, une parallèle à cette droite — Portez sur chaque droite, à partir de la base, une longueur égale, et joignez deux à deux les points ainsi obtenus, pour former la seconde base du prisme.

Fig (a). Prisme oblique et incliné dont une base est sur le plan de projection.

Fig (b). Prisme droit, perpendiculaire au plan de projection.

Fig (c). Prisme Oblique, parallèle au plan de projection.

Fig (d). Prisme dans une position quelconque.

Cas particuliers. Pour de donner un parallélipipède, prisme dont les faces sont parallèles deux à deux et dont les sommets sont trièdres, on part (fig e) d'un sommet trièdre quelconque (2.5.7.18), et l'on appuie sur lui (fig f) le parallélipipède qui en est la conséquence. La cote du sommet (x) se déduit de celles des points (2).(5).(7) ; quant à celles des sommets (3).(9).(10), elles sont respectivement égales aux cotes des points (3).(7).(10), augmentées de 16, différence des deux cotes 18 et 2 de hauteur (2.18) ....

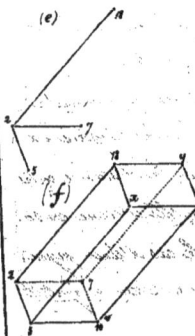

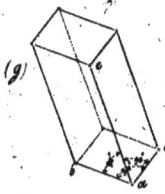

Le parallélépipède est rectangle (fig. g) lorsque tous angles trièdres sont tri-rectangles. On le forme en l'appuyant sur un angle trièdre tri-rectangle abcd, dont les arêtes ab, ac et ad, pri-
ses à volonté, constituent les *dimensions du corps* (longueur,
largeur, épaisseur).

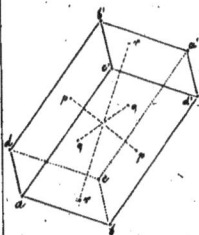

Dans le cas d'un parallélépipède quelconque les *dimensions*
sont mesurées par les longueurs des perpendiculaires comprises entre les faces parallèles — pp. épaisseur, distance entre les deux
faces dac et d'bc — qq. largeur, distance entre les deux faces b'dc
et c'ab — rr. longueur, distance entre les bases abcd et a'b'c'd'.
Si le corps repose sur une de ses bases, la longueur devient la
hauteur.

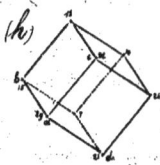

Le *cube* (fig. h) est un parallélépipède rectangle dont les
faces sont des carrés. On le forme en l'appuyant sur un angle trièdre tri-rectangle, sur les arêtes duquel on porte des
distances égales ab, ac, ad, ...

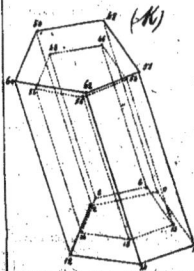

Prisme creux. (Fig. k) Prenez le sommet (16) à volonté pour le
correspondant du sommet (14) — Menez les arêtes (16.56), (13.53), (14.54),
respectivement parallèles aux arêtes (44.62), (40.58), (12.60),.... et prenez
sur elles des longueurs telles que leurs extrémités soient dans
l'intérieur du prisme — Achevez.... &c. — Le résultat est un
prisme creux dont l'épaisseur entre les faces n'est pas la
même — On pourrait satisfaire, dans le prisme, à la condition
d'égalité d'épaisseur — Le prisme creux peut être ouvert ou
fermé par ses deux extrémités.

28. Se donner un polyèdre convexe, développer sa surface,
et en exécuter le relief.

Fig(4). Tracez la projection côté d'un angle tétraèdre convexe, que

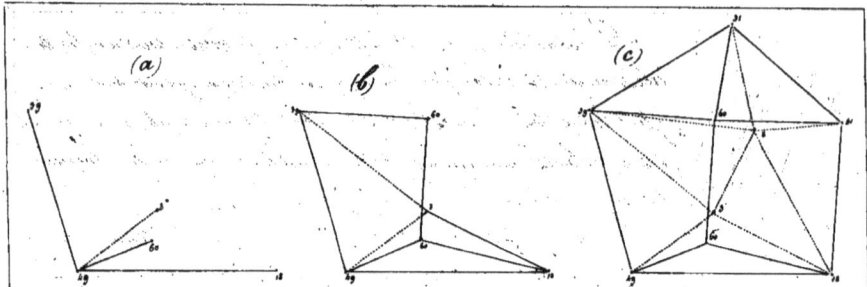

(a)   (b)   (c)

vous regarderez comme étant le commencement du corps demandé.

Appuyez sur l'angle (60. 49. 18), une face triangulaire ; sur l'angle
(60. 49. 39), une face quadrangulaire ; et sur chacun des deux autres
angles, une face triangulaire — Faites des constructions analogues aux sommets (18), (60), (60), (39), (3), et vous étendrez le corps —
Enfin, vous fermerez par des faces triangulaires l'espace ainsi en-
veloppé par des faces successivement ajoutées ....

La fig. (c) présente un dodécaèdre convexe qui a été conçu et
formé de cette manière — Le polygone (18. 41. 31. 39. 49) représente
son contour — Les sommets (60), (60) sont vus, tandis que les sommets
(2) et (3) sont cachés — Toute face qui passe par un sommet caché est cachée.

Si vous ne voulez pas obtenir un grand nombre de faces, évi-
tez les faces pentagonales, et, à plus forte raison, celles d'un nombre
de côtés supérieur ......

On peut déduire un polyèdre d'une pyramide ou d'un prisme
qu'il est facile de se donner, en tronquant successivement un
ou plusieurs sommets.

Cas particulier. Se donner un polyèdre creux est une question tout-à-fait analogue aux deux précédentes (pyramides creuses,

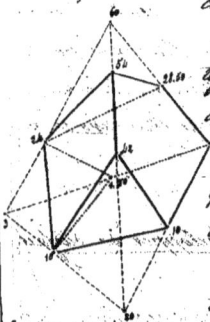

(60. 0. 3. 30), pyramide tronq. tampari.

prismes creux) — Toutefois, il est en général impossible, dans le cas d'un polyèdre, de satisfaire à l'égalité d'épaisseur. Les dimensions d'un polyèdre dépendent du sens dans lequel on les mesure. Ainsi, on peut donner sa hauteur verticale, sa largeur, et son épaisseur horizontales.

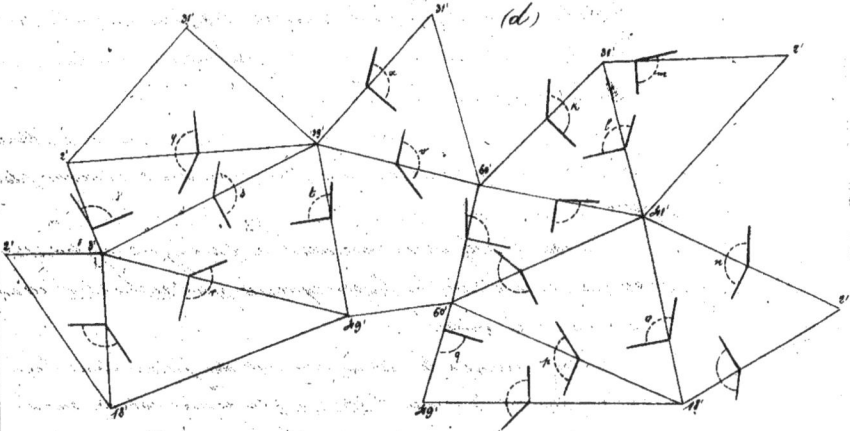

(d)

La fig. (d) représente le développement du dodécaèdre (c) — Les angles rectilignes k, l, m, n, o, p, q, ... mesurent l'inclinaison des faces qui s'appuient respectivement sur les arêtes (31.60), (31.41), (31.2), (41.2), (61.18), ...

L'exécution des reliefs est sans difficulté — En carton, découpez une figure égale à celle du développement (d); donnez un coup de tranchant suivant chaque arête, et au revers de la figure; enfin, pliez ..... &a

En matière solide, exécutez, à l'aide de la fausse équerre, un des sommets du polyèdre (angles dièdres et faces) — Exécutez de la même manière les sommets qui s'appuient sur lui faces de celui qui est fait, ... et ainsi de suite. Vous arrivez ainsi à envelopper complètement l'espace.

Il faut une grande précision et une grande adresse dans l'exécution pour se former exactement, c'est-à-dire pour arriver à des faces de fermeture qui soient égales à celles du dessin et dont les inclinaisons soient égales à celles du dessin. La difficulté augmente avec le nombre des faces du polyèdre. Les pyramides et les prismes en présentent un peu moins que les polyèdres.

Dans les arts de construction, il existe d'autres méthodes d'exécution des reliefs, mais elles ne peuvent trouver place ici.

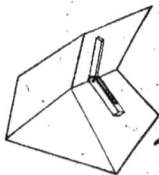

Lorsque le polyèdre à exécuter a des angles rentrants, on se sert encore de la fausse équerre pour rechercher ces angles dans la matière.

En général, le dessin qui sert de guide dans l'exécution, prend le nom d'épure ; ce nom est consacré dans les ateliers et dans les chantiers.

Applications.

1. Projeter un polyèdre donné sur le plan de projection parallèlement à une droite donnée.

Menez par chacun des sommets du polyèdre des parallèles à la droite donnée — Cherchez les points de rencontre de ces droites avec le plan de projection, et joignez-les entre eux comme les sommets auxquels ils correspondent sont joints sur le polyèdre en relief — Le résultat est la projection demandée, que l'on nomme projection oblique et parallèle : oblique au plan de projection, parallèle à la droite fixe qui est donnée.

Fig (a). Projection oblique et parallèle d'une pyramide. Le nouveau contour (15. 27. 18. 32) répond en relief au quadrilatère gauche (15. 27. 18. 32); d'où l'on conclut que le sommet (7) de la nouvelle projection est caché, tandis que le sommet (27) est vu.

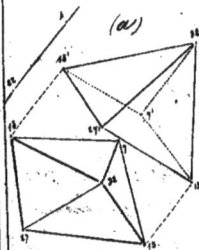

Fig (b). Projection oblique et parallèle d'un prisme — Le contour de la nouvelle projection répond en relief au polygone gauche (6. 2. 15. 35. 53. 43. 23. 6) à l'aide duquel on détermine les sommets vus, qui sont en deçà, et les sommets cachés, qui sont au-delà du contour, par rapport à la direction que détermine la droite de parallélisme (36. 2).

C'est pour éviter la confusion qu'on n'a pas mis dans les figures (a) et (b) toutes les lignes de construction.

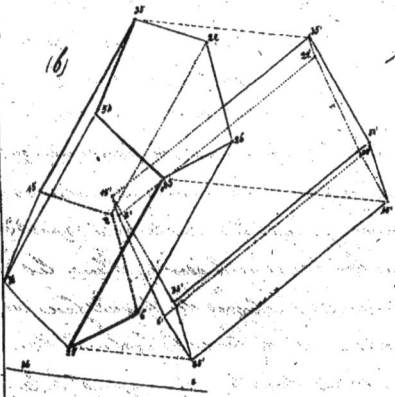

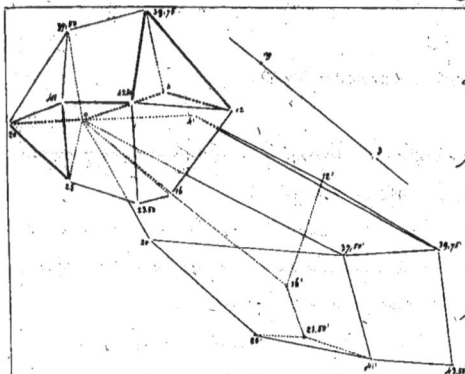

Fig (c) : Projection oblique et parallèle
d'un polyèdre.

Son contour répond en relief au
polygone gauche (12. 39, 75, 13, 80, 21, 35, 20, 0, 4, 12,)
on en conclut les faces vues et les faces
cachées dans la nouvelle projection, (abstraction faite de la partie que cache le
polyèdre donné.)

La projection oblique et parallèle change avec l'inclinaison et la direction de
la droite de parallélisme. Elle s'allonge ou se raccourcit, selon
que cette droite s'abaisse ou s'élève........ &c.

Effets d'ombre et de lumière.

Supposons que la droite de parallélisme des fig. (a), (b), (c),
représente la direction d'un faisceau de rayons lumineux
et parallèles, comme le sont les rayons solaires, il est évident
que la projection oblique et parallèle du corps que l'on considère,
n'est pas autre chose que l'ombre portée par ce corps sur le
plan de projection, ou la limite de la lumière que le corps
intercepte, tandis que le contour en relief devient la ligne de
séparation entre la partie éclairée et la partie non éclairée
du corps, ou, comme on dit ordinairement, la ligne de séparation d'ombre et de lumière. — On convient 1° de mettre des
hachures (traits parallèles et équidistants) sur les ombres portées
et sur les faces qui sont dans l'ombre, et de laisser en blanc les
parties éclairées — 2° de tracer les hachures de chaque face, parallèlement à ses horizontales — 3° de tracer les hachures des
ombres portées parallèlement à la direction des rayons de lu-

mière.

Ces conventions ne laissent aucune incertitude dans cette opération graphique.

Voyez les figures suivantes (d), (e), (f).

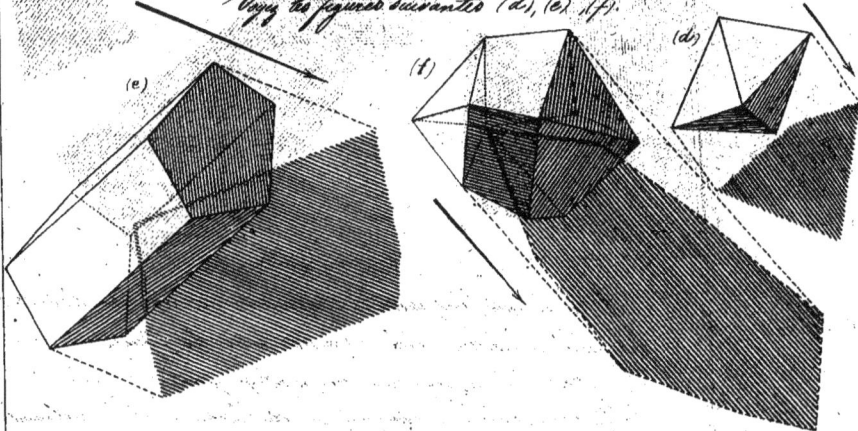

Ces figures, réduites à l'effet que produit le contraste du noir des hachures et du blanc du papier, ne peuvent pas faire image. — L'imitation devient bien plus grande, si l'on ajoute les demi-teintes qui résultent de l'éclairement des faces qui frappent les rayons lumineux sous différents angles.

Pour produire d'autant plus d'effet, on convient de ménager ce qu'on appelle des dégradations dans les teintes et les demi-teintes des faces, en faisant varier convenablement l'écartement des hachures. — 1° sur les faces non éclairées, le noir est en haut, et le noir éclairci est en bas; — 2° sur les faces éclairées, au contraire, le plus noir de la demi-teinte est en bas, tandis que le moins noir ou le moins teinté est en bas. Voyez les figures suivantes (g), (h), (k).

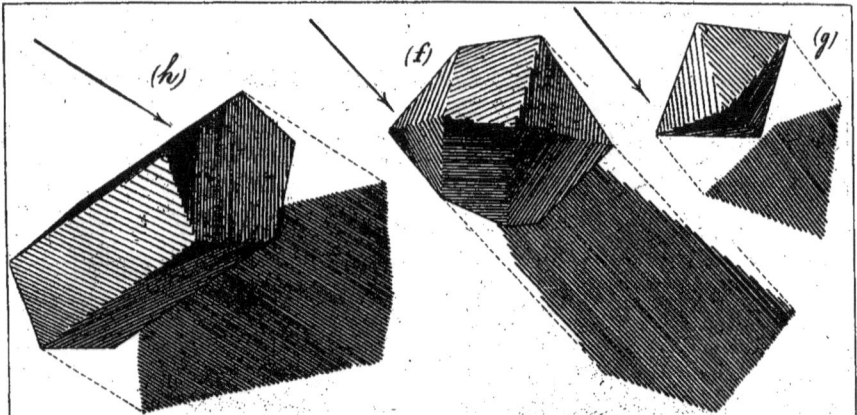

(h)   (f)   (g')

À la rigueur, on peut se dispenser de dégrader les teintes des ombres portées. Cela est ainsi dans les figures (d), (e) et (f). — Mais une dégradation ne peut qu'ajouter à l'effet. On l'obtient, soit par un croisement de hachures d'un écartement variable, fait sur le premier travail (fig g'); soit par des hachures perpendiculaires à la direction des rayons lumineux (fig h'), ce qui est le plus simple. — Dans cette dégradation, la teinte s'affaiblit à mesure qu'elle s'éloigne de la projection du corps.......

     Plus de détails sur ce sujet ne sauraient trouver place ici.

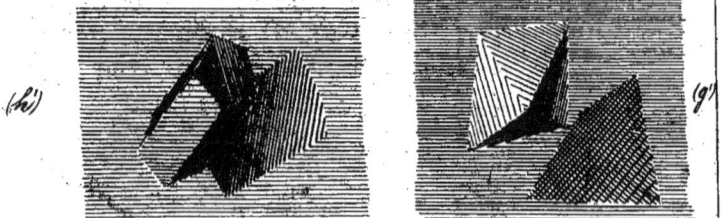

(h')   (g')

On conçoit que le plan de projection doit être teinté.......

2. Projeter un polyèdre donné sur un plan perpendiculaire aux plans de projection, par des droites passant toutes
par un point donné.

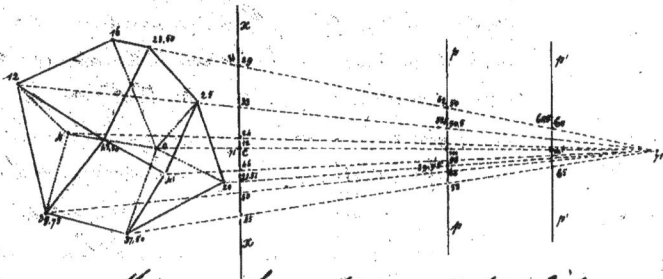

Menez par chacun des sommets du polyèdre une droite
allant au point de concours (71), et marquez la cote de son
point de rencontre avec le nouveau plan de projection dont
la ligne xx est la trace — les cotes sont respectivement (33),(29),
(22),(26).... pour les sommets (12),(16),(4),(44),...... Concevez que ces
points soient joints deux à deux comme le sont en relief les
sommets qui leur correspondent — Le résultat est la projection
demandée, qu'on nomme projection oblique et concourante,
ou simplement projection concourante.

Par suite de la position du nouveau plan de projection, la
projection concourante se réduit à la portion de la trace xx,
comprise entre les points extrêmes (29) et (45).

Pour faire voir la figure qu'elle présente, tracez (fig a) une
droite x'x' à volonté, et marquez sur elle une suite de points
(29),(33),(24),(45'),.... disposés entre eux comme le sont les points
(29),(33),(24),(45), sur la droite xx. — Élevez en ces points des
perpendiculaires à x'x' respectivement égales aux cotes (29),
(33),(24),(45),..... joignez deux à deux, comme il a été dit tout
à l'heure, les points ainsi obtenus......

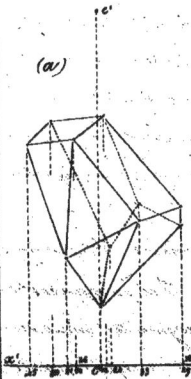

(a)

Le contour de la nouvelle projection répond en relief au polygone gauche (0.20,37,50.39,75.42,50,23,50.16.0) dont la connaissance permet de faire avec certitude la distinction des parties vues et des parties cachées — La perpendiculaire (71.c), abaissée du point de concours sur le niveau plan de projection x.x, est la distance de ce point à x plan; et la côte 71 en est la hauteur au-dessus du premier plan de projection. Le point c, reporté en c', est le centre de la projection — La distance et la hauteur du point de concours sont des données essentielles......

La projection concourante d'un corps diminue de plus en plus, à mesure que le plan de projection x.x se rapproche du point de concours supposé fixe; mais les figures qu'on obtient sont toujours semblables entre elles, et leurs dimensions sont proportionnelles aux distances des plans de projection au point de concours......

Fig. (b). Projection concourante sur le plan p,p, passant par le milieu m de la distance (71.c).

Fig. (c). Projection concourante sur le plan p,p, passant par le point milieu m' de la distance (71.m)..... 85.

La projection concourante d'un corps augmente dans le rapport de la distance du plan de projection au point de concours. Dès que ce plan passe au-delà du corps, la projection est plus grande que le corps......

La projection change aussi avec le déplacement du point de concours, le plan de projection étant fixe. S'il se rapproche de x plan, elle diminue; s'il s'en éloigne, elle augmente, mais sans dépasser une certaine limite...... — Il est presque inutile de faire remarquer qu'il n'y a plus similitude entre les différentes figures.

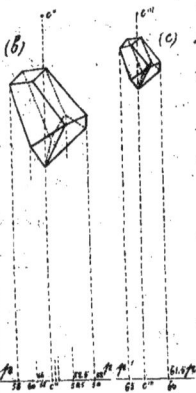

(b)   (c)

La figure ci-dessous présente, comme second exemple,
la projection concourante d'une pyramide.

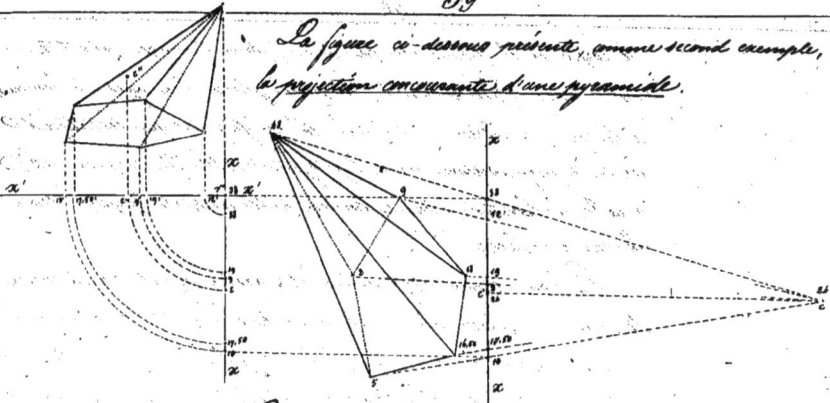

La ligne xx qu'on peut placer à volonté, est disposée ici de
telle manière que les points correspondant à ceux qui sont sur xx
sont obtenus par des arcs de cercle décrits du point de rencontre
r comme centre...... Cette opération, qui répond à un rabattement place l'image en face du lecteur.

Le troisième exemple qui suit est la projection concourante
d'un prisme.

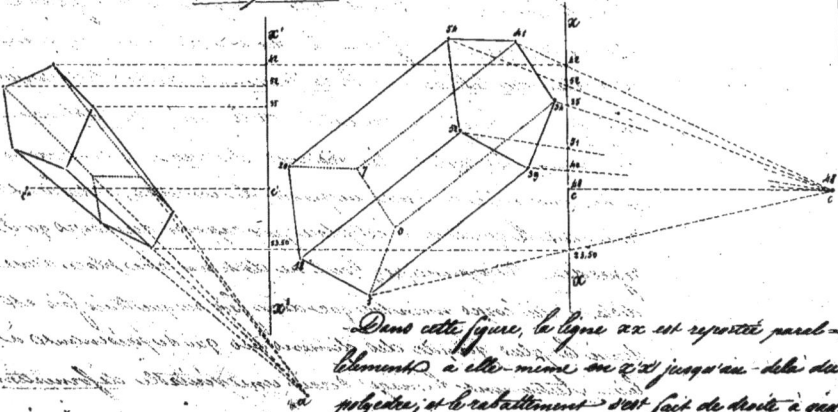

Dans cette figure, la ligne xx est reportée, parallèlement à elle-même en x'x' jusqu'au-delà du
polyèdre; et le rabattement est fait de droite à gauche. On peut, lorsqu'il y a assez de place entre le

le corps et le point de concours, par l'image rabattue entre eux — En résumé, on peut placer l'image où l'on veut, à la seule condition d'éviter la confusion qui résulterait de sa superposition avec le polyèdre. Si elle se présente mal, le lecteur tourne convenablement le papier pour la mise en face.

Les projections concourantes des arêtes parallèles du prisme doivent satisfaire à la condition de passer toutes par un même point a. C'est ce qui a lieu en effet — En général, un groupe de droites parallèles en relief donne un groupe de droites qui passent toutes par un même point, lorsqu'on les met en projection concourante. C'est le caractère distinctif de cette projection...... &c. Seules, les droites verticales restent parallèles en projection.

Dans la pratique du dessin, ce genre de projection s'appelle projection perspective ou perspective tout court. Alors, le corps à projeter est l'objet — le plan de la projection coté est le plan des objets — le nouveau plan de projection est le plan du tableau, ou le tableau — le centre de la projection devient l'œil du spectateur ou le centre du tableau — la hauteur de l'œil et la distance de l'œil, qui remplacent la hauteur et la distance du point de concours, indiquent comment le spectateur est placé par rapport au corps qu'il regarde — En principe, l'œil ne doit pas être placé à une distance des corps moindre que deux fois ou que trois fois et demie la plus grande des dimensions qui se présentent à lui — Autrement l'image serait une véritable déformation du corps......

Les points de rencontre des perspectives de plusieurs droites parallèles dans l'espace, se nomment indistinctement points de concours, points de fuite, points d'évanouissement.

À l'aide des points de concours et de quelques considérations particulières, la perspective des corps se traite dans la pratique du dessin directement et d'une manière très simple...... — Ces détails ne peuvent trouver place ici.

Effets d'ombre et de lumière.

La perspective d'un corps éclairé et présentant, par conséquent, des effets d'ombre et de lumière, est un moyen de représentation qui possède à un haut degré la propriété de faire image, en ce qu'il montre les objets comme on les voit. Mais si la perspective donne bien l'idée de la forme des corps, en revanche elle n'apprend rien sur leurs dimensions. La projection cotée, comme on l'a vu, possède cette autre propriété, sans être dépourvue toutefois de celle de faire assez bien image.......

Voici quelques exemples de perspective de corps éclairés.

Polyèdre quelconque.

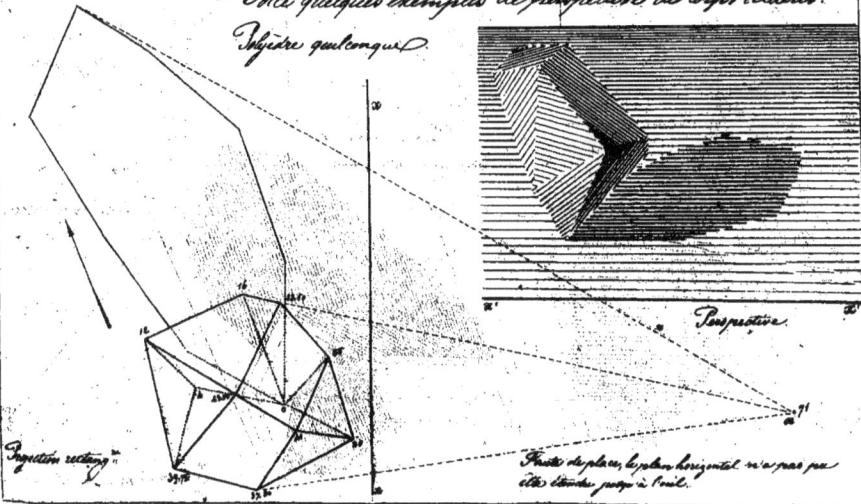

Perspective.

Projection rectang.ⁿᵉ

Faute de place, le plan horizontal n'a pas pu être étendu jusqu'à l'œil.

42

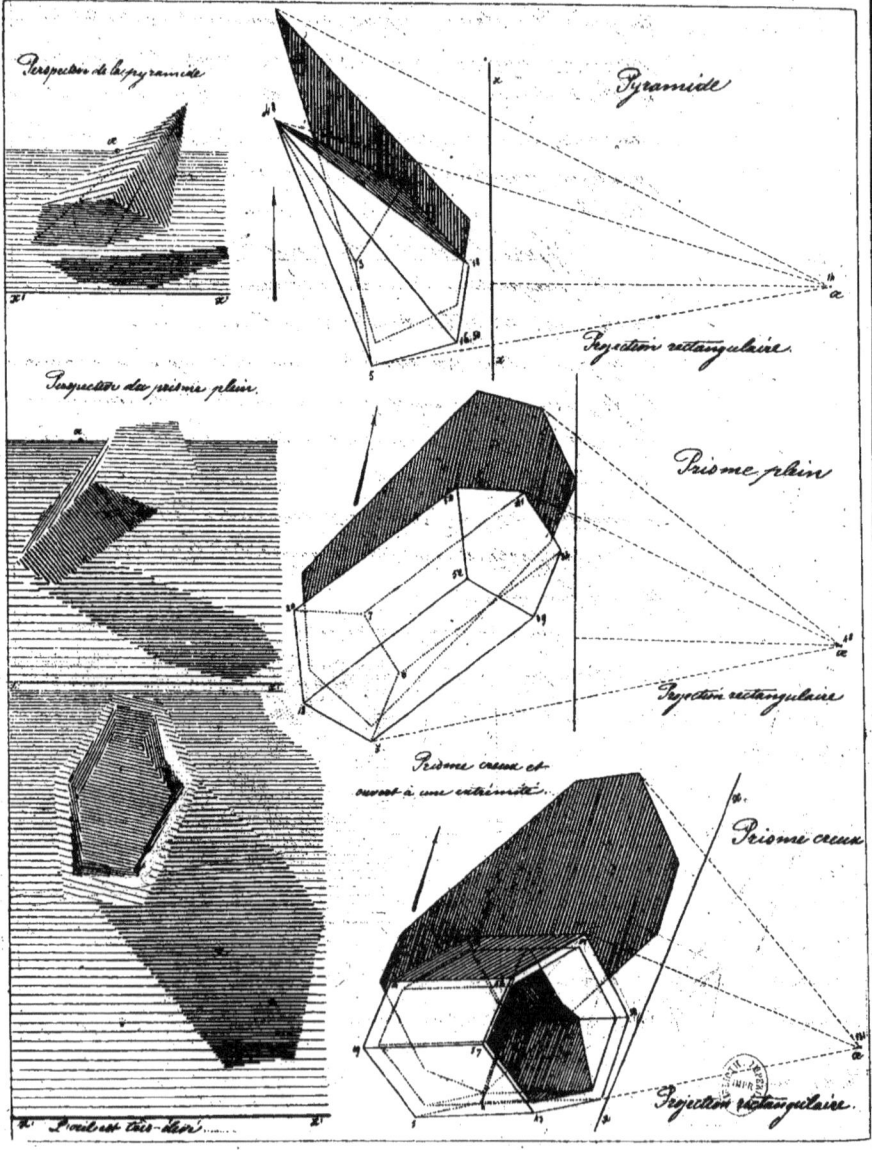

Perspective de la pyramide

Pyramide

Projection rectangulaire

Perspective du prisme plein

Prisme plein

Projection rectangulaire

Prisme creux et ouvert à une extrémité

Prisme creux

Projection rectangulaire

L'œil est très-élevé

43

Prisme vertical

Perspective du prisme

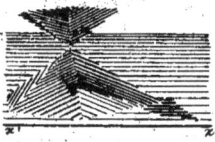

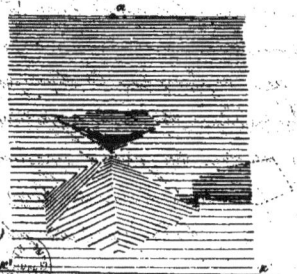

Projection rectangulaire

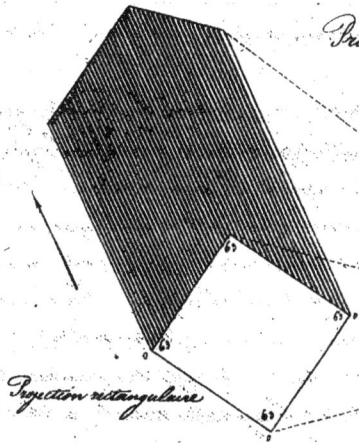

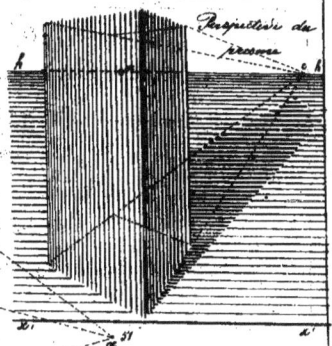

c, point de fuite des arêtes horizontales
et parallèles.
hh, ligne d'horizon.

(A) et (B)

La même pyramide à deux nappes,
éclairée et vue de deux manières
différentes.

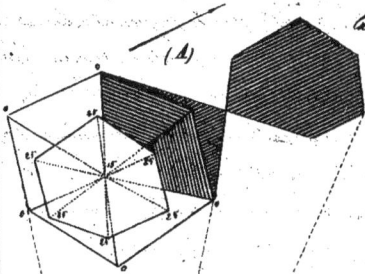

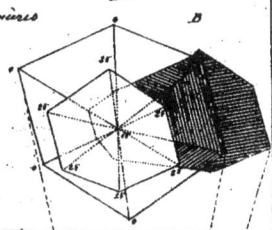

(A)

B

Perspective de (B)

Perspective de (A)

3. *Un polyèdre étant donné, construire une élévation de ce polyèdre.*

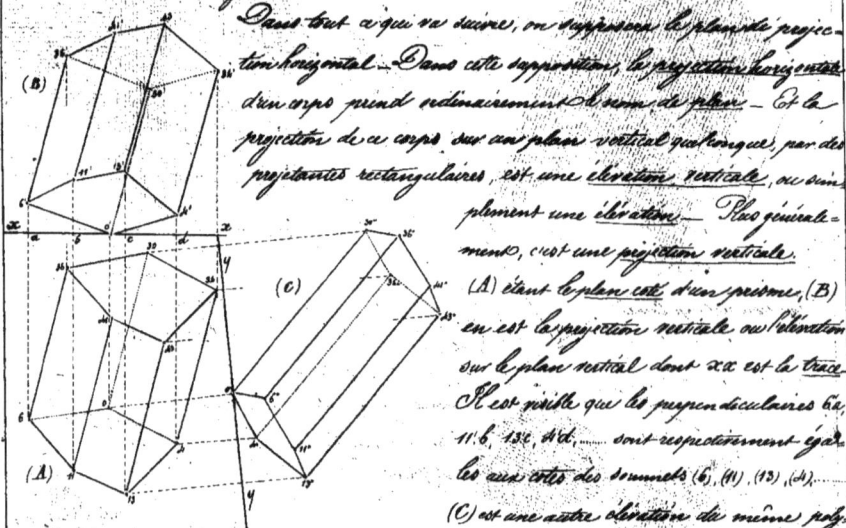

Dans tout ce qui va suivre, on supposera le plan de projection horizontal. — Dans cette supposition, la projection horizontale d'un corps prend ordinairement le nom de *plan*. — Et la projection de ce corps sur un plan vertical quelconque, par des projetantes rectangulaires, est une *élévation verticale*, ou simplement une *élévation*. — Plus généralement, c'est une *projection verticale*.

(A) étant le plan coté d'un prisme, (B) en est la projection verticale ou l'élévation sur le plan vertical dont xx est la trace.

Il est visible que les perpendiculaires 6a, 11b, 13c, &c... sont respectivement égales les cotes des sommets (6), (11), (13), (&)...

(C) est une autre élévation du même polyèdre (A) sur le plan vertical dont yy est la trace. — On peut donc présenter ce polyèdre sous tous les aspects possibles : parallèlement à sa direction, perpendiculairement à sa direction...........

On reconnaît immédiatement qu'une projection verticale peut remplacer les cotes qui sont écrites sur la projection horizontale, et que, par conséquent, deux projections, l'une horizontale et l'autre verticale, d'un même corps, suffisent pour déterminer complètement ce corps. — Tout ce qu'on a fait avec la projection cotée, peut se faire avec les deux projections. On devra s'y exercer.—

La méthode des deux projections, pour la représentation des corps, est d'un très grand usage dans les arts de construction. Elle est la base du dessin des levers et des projets de bâtiments, de machines....... Elle sera traitée plus tard d'une manière complète.

La droite xx ou yy, rencontre du plan horizontal et du plan vertical, pris pour plans de projection, prend souvent, dans la pratique, le nom de ligne de terre, parce que souvent elle représente la rencontre d'un plan vertical, d'un mur par exemple, avec le terrain supposé horizontal — Plus généralement, c'est l'axe de projection.

Les projetantes de la projection horizontale ou du plan sont les lignes horizontalement projetantes; celles de la projection verticale ou de l'élévation sont les lignes verticalement projetantes.

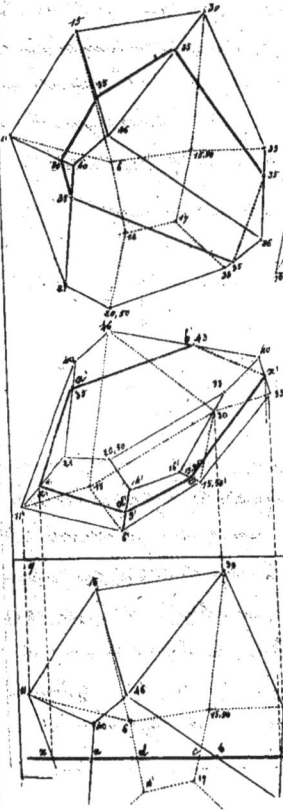

4. Un polyèdre étant donné, faire une coupe horizontale passant à une hauteur donnée (35)

Rien de plus simple: — Cherchez sur chaque arête le point qui a pour côté (35) et joignez deux à deux les points situés sur des arêtes qui appartiennent à une même face — Le résultat est le polygone (35.35.35......) qu'on nomme coupe horizontale du polyèdre (1).

La figure (a) représente la coupe horizontale d'une pyramide creuse......

5. Un polyèdre étant donné, faire une coupe verticale dont la trace est donnée.

Le résultat est immédiat: la portion $xabxcd$ de la trace xx du plan coupant représente la coupe verticale du polyèdre donné — Pour en avoir la vraie grandeur, il faut recourir à l'élévation faite sur un plan yy parallèle au plan xx, et en déduire l'élévation

(a)

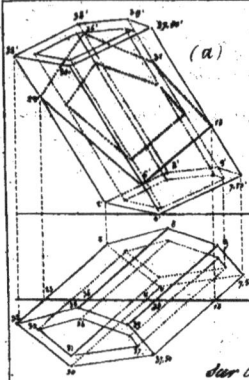

de la coupe elle-même, soit à l'aide des cotes des points, x, a, b, c....., soit à l'aide des perpendiculaires menées par ces points à la trace yy...... Un de ces deux moyens peut servir à vérifier le résultat obtenu par l'autre......

La figure (a) représente les deux projections d'un prisme creux, et la coupe verticale de ce prisme par le plan zz.

Conventions pour le tracé des coupes. On est dans l'usage de distinguer les coupes par des hachures que l'on trace sur les parties pleines du corps, tandis qu'on laisse en blanc les parties vides. Cette convention, qui suppose enlevée la partie du corps qui est au-dessus du plan coupant horizontal, ou en avant du plan coupant vertical, donne aux coupes la propriété d'indiquer la disposition intérieure des corps creux.

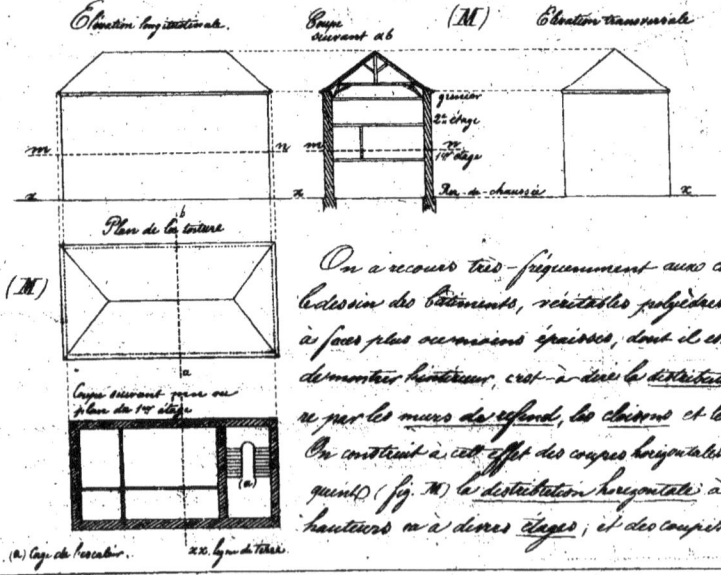

Élévation longitudinale. Coupe suivant ab (M) Élévation transversale

grenier
2e étage
1er étage
rez-de-chaussée

(M) Plan de la toiture

Coupe suivant xx ou plan du 1er étage

On a recours très-fréquemment aux coupes dans le dessin des bâtiments, véritables polyèdres creux et à faces plus ou moins épaisses, dont il est essentiel de montrer l'intérieur, c'est-à-dire la distribution intérieure par les murs de refend, les cloisons et les planchers. On construit à cet effet des coupes horizontales qui indiquent (fig. M) la distribution horizontale à différentes hauteurs ou à divers étages; et des coupes verticales

(a) Cage de l'escalier. xx Ligne de terre.

qui indiqueront la _distribution verticale_ aux points les plus convenables.

L'usage a consacré le nom de _plan_ aux coupes horizontales des bâtiments; ainsi, au lieu de dire _coupe horizontale_ du 1er, du 2e, du 3e _étage_, on dit _plan_ du 1er, du 2e, du 3e _étage_.

Afin de simplifier le dessin, on y a supprimé tous les détails d'ouvertures, tels que portes, fenêtres et lucarnes pour ne considérer que la forme _générale_ du polyèdre tant à l'extérieur qu'à l'intérieur.

On a continuellement recours aux coupes dans le dessin des machines, pour expliquer les détails assez souvent compliqués des _assemblages_ des pièces entre elles.......

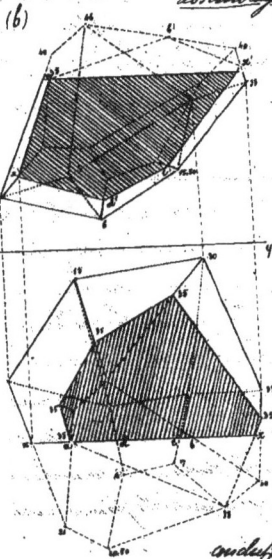

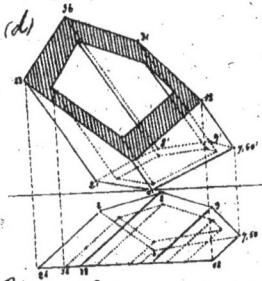

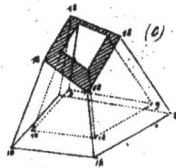

La figure (b) montre ce qui reste du polyèdre (A) qu'on a coupé successivement par un plan horizontal et par un plan vertical. Ce reste est représenté par deux projections. — Quelquefois les parties enlevées sont désignées par des lignes pointillées. — Les parties coupées étant entièrement couvertes de hachures dans cette figure, on en conclut que le polyèdre (A) est _plein_.

La figure (c) montre l'intérieur de la pyramide creuse, après qu'on a enlevé la partie supérieure au plan coupant.......

La figure (d) montre l'intérieur du prisme creux, après qu'on à enlevé la partie antérieure au plan coupant..........

La disposition des hachures dans ces deux figures indique tout ce qu'on peut désirer, 1° sur l'épaisseur des faces dans dans le sens horizontal pour la pyramide (c), et dans le sens vertical pour le prisme (d) ; 2° sur l'assemblage des faces entre elles. — On voit que les faces de la pyramide sont composées de planches assemblées les unes avec les autres, tandis que le prisme est tout d'une pièce, comme serait un prisme de fonte, par exemple. — Il convient, d'après cela, d'ajouter à la pyramide les joints qui aboutissent à la surface extérieure (e).

Il ne faut jamais tracer les hachures (f) perpendiculaires aux faces ; elles produisent alors un mauvais effet. — On les trace diagonalement (g), sans toutefois les incliner trop. — Quelquefois, comme dans certains assemblages compliqués (h), on les fait parallèles aux faces........

Lorsqu'on ne considère, dans la coupe horizontale, que la figure qui résulte de la rencontre du plan coupant avec la surface intérieure du corps, on donne assez ordinairement à cette figure le nom de section horizontale. — Dans les coupes verticales, cette figure prend le nom de profil. De sorte que la différence qui existe entre une coupe verticale et un profil, consiste en ce que la coupe représente en même temps l'élévation des parties restantes du corps. — Les profils sont très usités en architecture et en fortification : en architecture, pour le dessin des corniches (k), des moulures......., en fortification, pour représenter les formes en relief (Voyez plus loin.)

Fig (m) — Profil vertical du prisme creux (a).

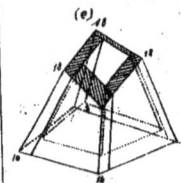

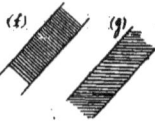

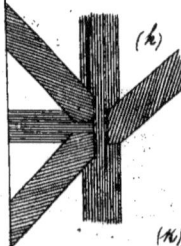

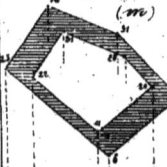

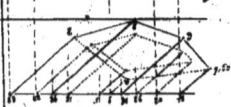

6. Un polyèdre étant donné, le représenter par l'ensemble de ses sections horizontales.

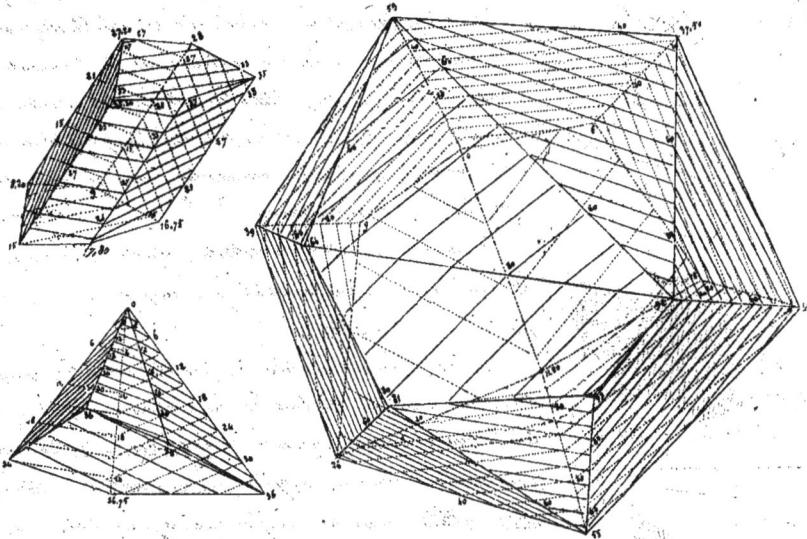

Les figures ci-dessus s'expliquent d'elles-mêmes — Elles représentent un prisme, une pyramide et un polyèdre — Ce mode de représentation fait la base du dessin de la fortification et des levers nivelés du terrain — En général, ces sections sont équidistantes. On trouve de grands avantages à cette disposition.

Représenter un polyèdre par un ensemble de sections verticales parallèles, est une question tout-à-fait analogue à la précédente, car rien n'empêche de supposer que le plan de projection d'horizontal qu'il était, ne soit devenu vertical.......

Lorsque le rapprochement des sections est assez grand, pour que les arêtes du corps puissent être suffisamment indiquées par elles, on les supprime; l'effet qui en résulte est plus agréable à l'œil.

(A)

(a)

(d)

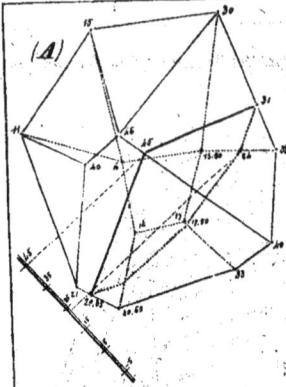

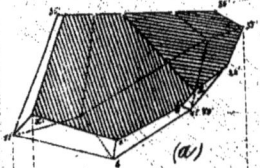

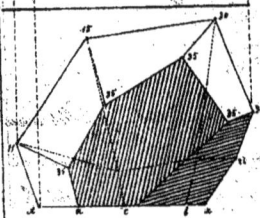

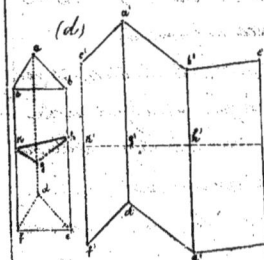

7. *Un polyèdre étant donné, faire une coupe oblique par un plan quelconque.*

Le mot *coupe oblique* se rapporte au plan de projection.

Le plan coupant est donné par son échelle de pente. On peut opérer de deux manières : soit en cherchant la rencontre de chacune des arêtes du polyèdre (A) avec le plan donné ......, soit en ayant recours aux horizontales de même côte dans le plan et sur chacune des faces qui peuvent le rencontrer sans être prolongées ......

La fig. (a) représente ce qui reste du polyèdre (A) après qu'il a été coupé par un plan horizontal, par un plan vertical, et enfin par un plan oblique ......

Les coupes obliques sont très-peu usitées dans la pratique du dessin, parce qu'elles sont beaucoup moins faciles à construire que les coupes horizontales et les coupes verticales. — On pourrait représenter un polyèdre par une suite de sections obliques parallèles ; mais on n'en fait rien, toujours à cause du défaut de simplicité dans les opérations.

Parmi toutes les coupes obliques qu'on peut faire à travers un prisme, il en est une que l'on considère dans les arts de construction, et particulièrement dans la coupe des pierres, pour l'exécution de l'épure de certains développements. C'est celle qu'on appelle *section droite*, et qui est faite perpendiculairement aux arêtes du prisme. — Cette section ghk (fig d) a la propriété, lorsqu'on développe le prisme, de s'étendre suivant une ligne droite $k'g'h'k''$. Cela est évident. — Quant aux arêtes, ce sont autant de perpendiculaires élevées aux points k', g', h'. — Il ne faut plus, pour achever le développement de la surface prismatique, que tracer en vraie grandeur des parties comprises en bre les extrémités des arêtes et les points g', h', k'.....

8. *Deux polyèdres étant donnés, construire leur rencontre.*

On entend par *rencontre* de deux polyèdres l'ensemble des lignes qui peuvent être communes à la surface de l'un et de l'autre polyèdre. — La solution de cette question repose entièrement sur la rencontre d'une droite et d'un plan, ou sur celle de deux plans.....

Voyez ci-dessous plusieurs exemples.

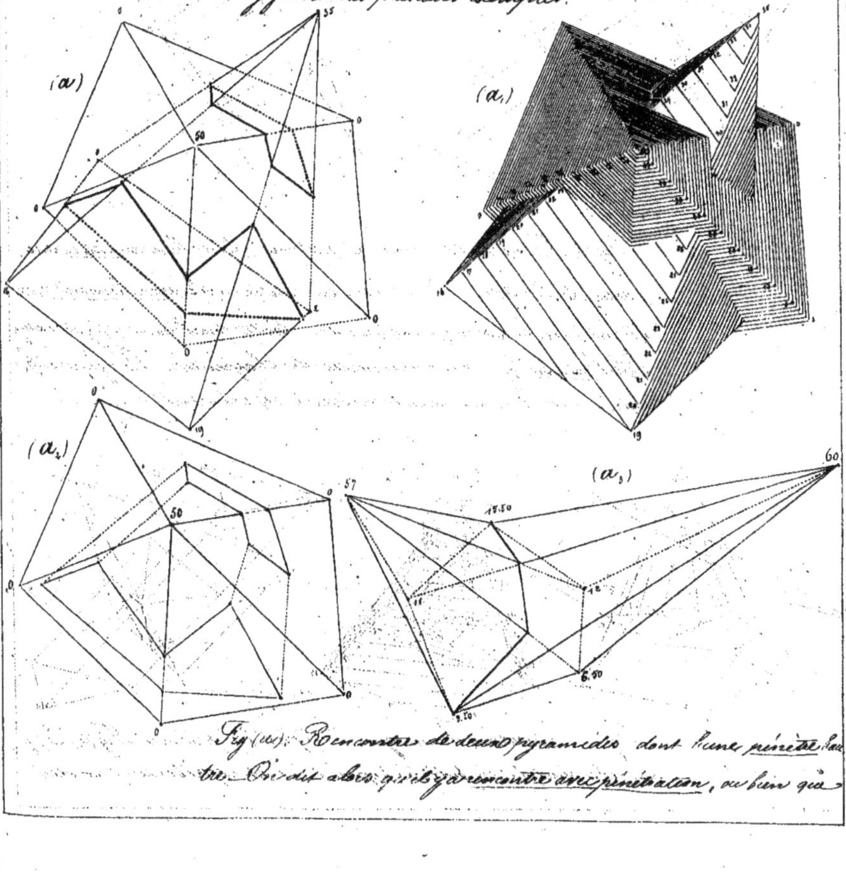

(a)   (a₁)   (a₂)   (a₃)

Fig (11). Rencontre de deux pyramides dont l'une pénètre l'autre. On dit alors qu'il y a rencontre avec *pénétration*, ou bien qu'à c'est une pénétration — La figure (a,) est la rencontre de la fig. (a) représentée par une suite de sections horizontales équidistantes — La fig. (a,) représente la pyramide pénétrée, ou la pénétration considéré séparément — La fig. (a,) représente deux pyramides de même base et de même hauteur qui se rencontrent.

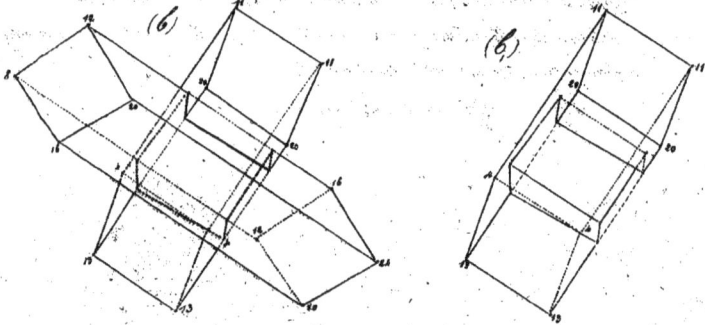

Fig (b). Rencontre de deux prismes dont l'un arrache une partie de l'autre — C'est une rencontre avec arrachement, ou simplement un arrachement. Cette combinaison figure assez bien l'assemblage de deux pièces de charpente. La figure (b,) représente l'arrachement considéré séparément..........

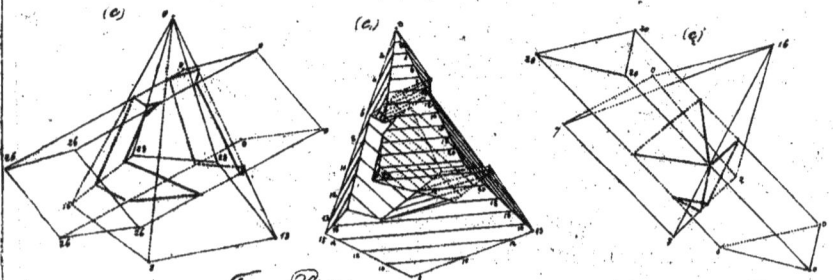

Fig (c). Pénétration d'une pyramide par un prisme — Fig (c,) la pyramide pénétrée, considérée séparément, et représentée par des sections horizontales équidistantes — Fig (c₂). Pénétration ou arrachement d'une pyramide par un prisme avec point multiple (m). — Ce cas est en effet la limite des pénétrations ou celle des arrachements possibles.....

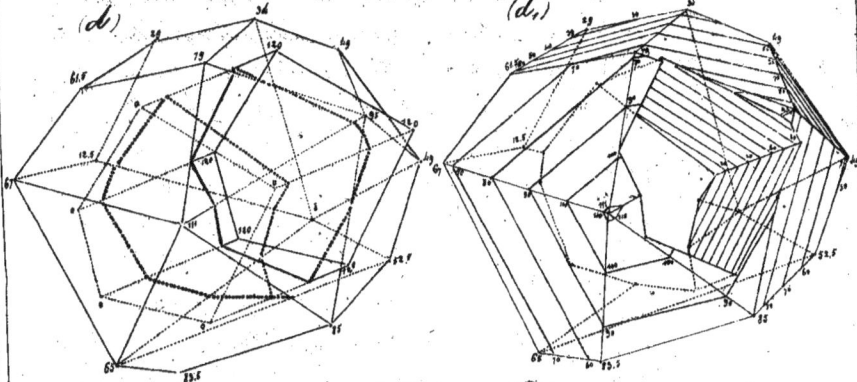

(d.)

(d₁)

(d₂)

Figure (d). — Pénétration d'un polyèdre par un prisme.

Fig. (d₁). — Le polyèdre pénétré considéré séparément, et représenté par un ensemble de sections horizontales équidistantes — Pour éviter la confusion, on a supprimé celles qui sont cachées.....

Fig. (d₂). — Portion du polyèdre (d₁) représentée par les lignes de plus grande pente qu'interceptent les horizontales.....

9. Un polyèdre étant donné, le rapporter à un plan horizontal qui passe au-dessus de lui à une distance donnée.

Le polyèdre est donné par son plan coté, auquel on a joint une élévation, dans le but de rendre plus facile à comprendre la transformation demandée.

Il est d'ailleurs évident qu'on peut élever ou abaisser à volonté

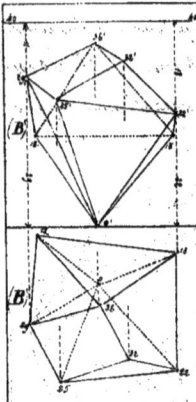

le plan de projection, parallèlement à lui même, sans rien changer à la forme ni à la position du corps donné. Les cotes seules changent pour chaque position, toutes se trouvent augmentées ou diminuées de ne même quantité, selon qu'on abaisse ou qu'on élève le plan ....

Lorsque le plan de projection laisse le corps tout entier au dessous de lui, la nouvelle cote de chaque sommet est égale à la différence qui existe entre la distance des deux plans horizontaux donnés, et de la première cote de ce sommet. — Sois (40) la cote du nouveau plan, le sommet (29) sera coté (11) (40 moins 29); le sommet 22 sera coté (18), (40 moins 22), ... (voyez l'élévation B').

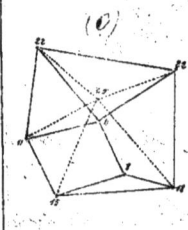

La figure (C) présente le résultat de cette transformation. Dans cette figure, le sommet le plus haut en réalité, c'est-à-dire, le sommet (36), a la cote la plus faible (4), et réciproquement le sommet le plus bas (0) a la cote la plus forte (40). C'est le contraire de ce qui se passe dans la fig. (B), où le plan de projection est au-dessous du corps.

Les dessinateurs topographes, pour la représentation des formes du terrain par leurs plans nivelés et cotés, et les ingénieurs militaires, pour la représentation des formes des ouvrages de fortification, font généralement usage de plans de projection situés au-dessus du terrain et de la fortification, parce que les cotes qu'ils ont à inscrire à côté des points, sont le résultat d'une opération manuelle qu'on nomme nivellement. Cette opération s'exécute avec un instrument qui porte le nom de niveau. Il y a plusieurs espèces de niveaux, mais avec tous, le plan de niveau ou le plan horizontal que donne l'instrument passe au-dessus des objets, de sorte que les distances des différents points à ce plan sont de véritables

projetantes menées de bas en haut — Lorsque quelques points se
trouvent au-dessus du plan de comparaison, ce qui arrive rarement
on les y rapporte en opérant d'une manière particulière — On pourrait, à la rigueur, transformer les résultats du nivellement et
recourir à un plan inférieur de comparaison. Mais l'expérience
a appris à préférer les côtes descendantes, que donne le nivellement. On s'habitue avec une grande facilité à lire la
forme et la situation des grandeurs dans l'un ou l'autre système de côtes.

Lorsque le plan de projection est supérieur, il prend le nom
de plan général de comparaison ou plan de comparaison, et
quelquefois de plan de repère —

La figure ci-dessous montre un profil vertical fait dans un
polyèdre rapporté à un plan supérieur de comparaison — le
polyèdre (P), qui a des angles saillants et des angles rentrants, et
qui est limité entre deux plans verticaux, représente une masse
de terre disposée d'une manière dont on verra plus loin d'autres
exemples.

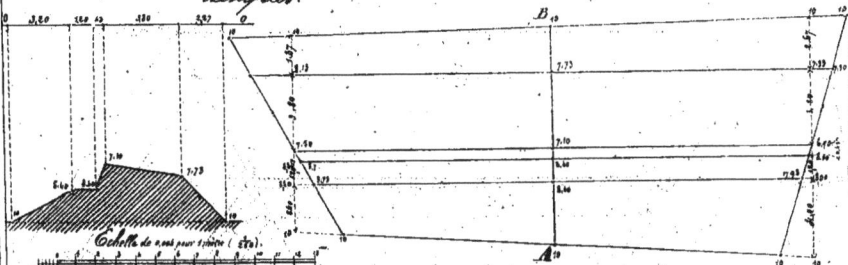

Le plan de comparaison passe à 10.ᵐ au-dessus du terrain supposé horizontal — Le profil est fait suivant la direction AB, ou suivant
AB — Rien de plus simple que de déterminer les côtes des points où
les arêtes rencontrent le plan vertical dont AB est la trace — La fig.(a) repré-

dute ce profil rapporté à l'horizontale (o.o) qui est l'intersection du plan du profil avec le plan de comparaison — Ce profil appartenant à un corps plein devrait être, à la rigueur, couvert entièrement de hachures.

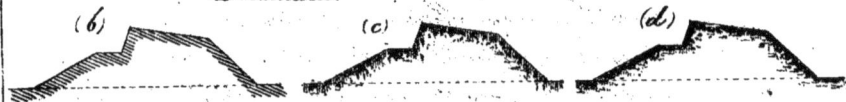

(b)   (c)   (d)

(e)

Comme les hachures continues du profil (a) sont d'un effet désagréable, et qu'elles peuvent être incommodes, on se contente souvent (fig. b et c) d'un commencement de hachures sur tout le pourtour — Souvent aussi (fig. d) on fait une sorte d'imitation de terres coupées — Enfin, dans le cas d'un profil de maçonnerie pleine, comme celui d'un mur (fig. e), les hachures couvrent le tout —.

10.   Tracer la projection complète du parapet d'un ouvrage de fortification, connaissant : son profil, supposé constant ; le tracé de l'une de ses arêtes ; la direction et l'inclinaison des deux talus extrêmes.

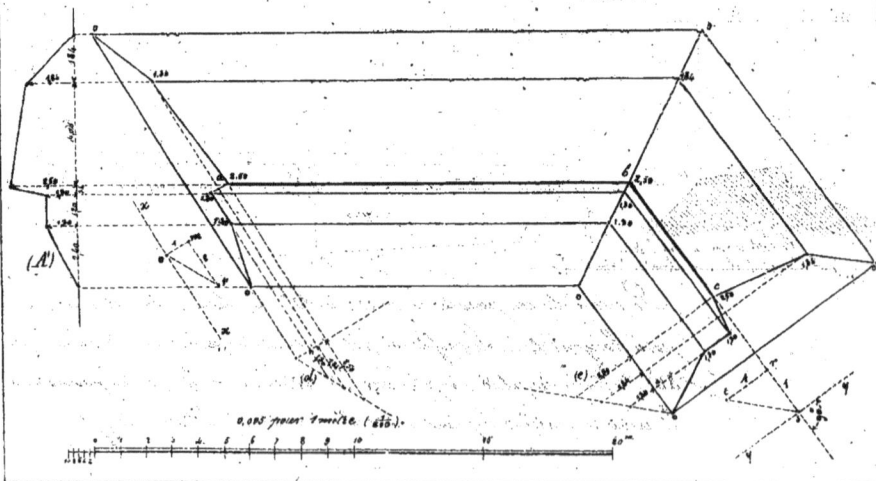

(A)

0,005 pour 1 mètre (1/200)

(A)
(1/200)

Données — Le profil (A), qu'on suppose toujours vertical et fait perpendiculairement à la direction des arêtes horizontales, est donné par ses dimensions horizontales et ses dimensions verticales — La trace donnée abc, qui est toujours celui de l'arête la plus élevée, dépend de la forme qu'on veut donner à l'ouvrage — xx, parallèle à la trace ou au pied du talus de l'extrémité a, m ops son inclinaison (½) — yy, parallèle au pied du talus de l'extrémité b; rot son inclinaison (¼);

Il est presque inutile de faire remarquer que, dans le profil (A), les droites représentent des faces, et que les points de rencontre de ces droites représentent des arêtes.

Après avoir construit perpendiculairement à l'arête ab, le profil (A) égal au profil donné, on obtient immédiatement la projection de toutes les arêtes du parapet. Il ne reste plus qu'à l'limiter par des talus qui passent par les points a et b dont la côte commune est 2,50, et qui aient chacun la direction et l'inclinaison données.

1° Pied du talus (fig. a): par le point (2,50) menez la perpendiculaire ap à xx — Portez sur elle la moitié de (2,50) — Tracez la parallèle pg à xx — pg est le pied du talus.

2° Rencontre d'une arête avec le talus (fig. b): Tracez l'horizontale du talus qui a même côte que l'arête donnée (1,20) — ces deux horizontales se coupent au point cherché — L'horizontale (1,20) du talus est une parallèle au pied pg, à 60 centimètres, (1,20/2) de distance.

3° Rencontre d'une face avec le talus: — Cette droite de rencontre est la conséquence immédiate des points de rencontre des arêtes qui limitent la face donnée (voyez la fig. b).

Le détail (d) représente l'ensemble des opérations graphiques à faire pour l'extrémité a — Le détail (c) se rapporte à l'extrémité

(a)

(b)

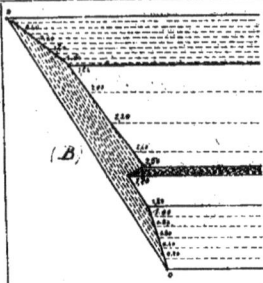

(B)

ω c

La connaissance du profil constant (A) peut dispenser de coter les sommets de la projection du parapet.

La fig (B) montre l'extrémité a du parapet, représentée par une suite de sections horizontales, équidistantes de 20 centimètres. Dans le dessin de la fortification, les horizontales des faces sont pointillées. Sans cette attention, il serait très difficile de distinguer les arêtes.

Les talus qui soutiennent les terres aux extrémités s'appellent aussi des profils inclinés.

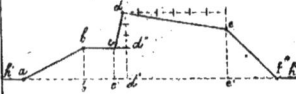

Noms que l'on donne aux faces et aux arêtes d'un parapet :

h'h', ligne du terrain

ah, terre-plein de l'ouvrage. Il pourrait être au-dessus ou au-dessous du terrain.

fh', côté de l'ennemi ou de la campagne

Faces.	Arêtes.
ab — Talus de banquette (²/₁).	a — Pied du talus de banquette.
bc — Banquette (pour les fusiliers).	b — Sans nom.
cd — Talus intérieur (¹/₃).	c — Pied du talus intérieur.
de — Plongée (⁶/₁, en général). Face suivant	d — Crête intérieure ou ligne de feu.
laquelle les coups plongent en avant du parapet.	e — Crête extérieure.
ef — Talus extérieur (¹/₁ ou 45°. Talus naturel des	f — Pied du talus extérieur.
terres).	

Dimensions ordinaires.

Hauteurs.	Largeurs ou épaisseurs.
dd' — 2ᵐ50. C'est le relief de l'ouvrage.	ab — Double de bb'.
bb' ou cc' — 1.20 — ou à 1.30 (dd') au-dessus de la crête int.	bc' ou bc — 1.20 (largeur de la banquette).
cc' — Déduite du relief dd' et de l'épaisseur de :	cd — Déduite de dd' ($\frac{dd'}{3}$).

10º _ *Épaisseur du parapet* _ Elle dépend de la nature des terres et du calibre des canons de l'attaquant et _ égale à ce.

Le parapet est presque toujours précédé d'une excavation ghik, qu'on nomme *fossé*, qui fait obstacle à l'ennemi, et dont les terres servent à la construction du parapet _ Ses dimensions dépendent de ce double objet, ainsi que de la nature du terrain _ La partie tg qui appartient au sol, et qui a 1ᵐ de largeur, est la *berme*

Le talus gh est le *talus d'escarpe* ou l'*escarpe*. La berme tg empêche qu'il ne soit écrasé sous le poids du parapet _ Le talus ik, opposé à l'escarpe, est la *contrescarpe* _ ih est le fond du fossé.

Le sommet g de l'escarpe est la *magistrale* _ K, sommet de la contrescarpe.

11. *Tracer la projection complète d'un épaulement de batterie, avec retours, connaissant son profil, son tracé et l'inclinaison de chacun des talus extrêmes.*

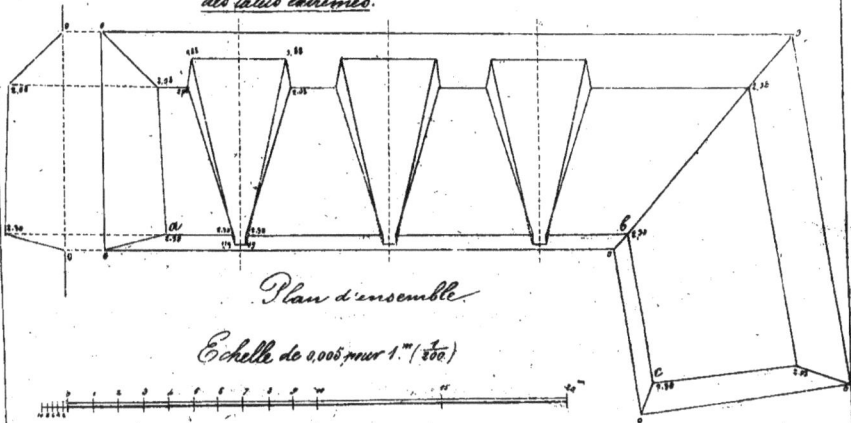

Plan d'ensemble.

Echelle de 0,005 pour 1.ᵐ (1/200)

Le terrain est supposé horizontal, et le plan de comparaison passe à 20ᵐ au-dessus de lui — abc est le tracé de la crête intérieure ou ligne courante ; bc est le retour.

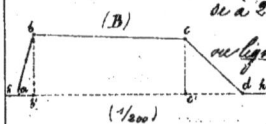

Profil (B). ah, terre-plein de la batterie — ab, talus intérieur (²/₃) — bc, plongée (²/₄), (pente qui suffit pour l'écoulement des eaux) — cd, talus extérieur (¹/₁)

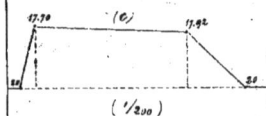

bb, hauteur de l'épaulement 2,30 — ab, base du talus intérieur (2ᵐ,30/₃ ou 65 centim.) — bc, épaisseur de l'épaulement 6ᵐ (dans les batteries d'école) — cc, elle est égale à bb (2,30) moins les ²/₂₇ de bc (⁶/₂₇) : 2,30 moins 22 centim. ou 2,08.

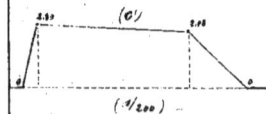

Fig (C) — Profil côté de l'épaulement d'après ces données — Il est rapporté à un plan de comparaison passant à 20ᵐ au-dessus du terrain (Planches du cours sur le tracé et la construction des batteries)

Fig (C') — Le même profil rapporté au plan du terrain.

12. Projection d'une embrasure à canon.

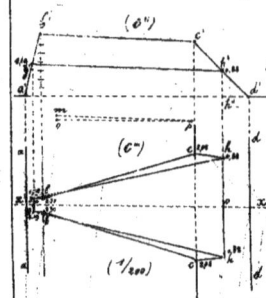

Profil de l'embrasure (fig C") — Le point g' représente la genouillère qu'on suppose élevée de 1ᵐ,19 — Le fond de l'embrasure g'h' a une inclinaison de 3/4. Si l'on construit la droite mpe à ³/₄ (la base op étant parallèle à la base du profil), et qu'on lui mène la parallèle g'h, on trouve 88 centim. pour la hauteur hh'.

Projection ou plan de l'embrasure (fig C''') — gg largeur de l'ouverture intérieure de l'embrasure, qu'on suppose de 54 centim. hh, ouverture extérieure. On la fait égale à la moitié de l'épaisseur comprise horizontalement entre les deux points g' et h' (voyez le profil), c'est-à-dire à la moitié de la distance oo prise sur la directrice xx de l'embrasure. D'où il résulte que oh est l

le ⅓ de oo — gh, ligne du fond de l'embrasure — bchg, quadrilatères gauches qui forment les joues de l'embrasure — Le côté bg est tracé dans
le talus intérieur, et sa projection est parallèle à la directrice. Le côté ch
est le résultat de la rencontre du talus extérieur avec le plan qui, passant par la ligne de fond gh, serait incliné à ⅓. Enfin, le côté bc
provient de la jonction par une droite des points b et c qui sont tous
deux dans le plan de la plongée (Voy. le plan d'ensemble de la page 59).

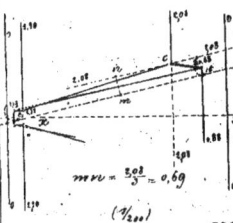

Construction du côté ch : Tout consiste à mener par la droite
(1,19 ; 0,88), un plan à ⅓. — Du point (1,19) comme centre et avec un
rayon égal à $\frac{1,19}{3}$, tracez un arc de cercle (du côté de la directrice)[*]
Du point (0,88) comme centre, avec un rayon égal à $\frac{0,88}{3}$, tracez
un arc de cercle — Menez la tangente tt commune à ces deux
arcs. Cette droite, trace horizontale du plan cherché, détermine ce plan.
Il ne faut plus que tracer l'horizontale 2,08 de ce plan, pour en
déduire, par sa rencontre avec la crête extérieure, le point c.
Cette horizontale est une parallèle à la trace tt menée à $\frac{2,08}{3}$ de
distance........

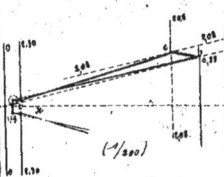

On simplifie le tracé, en supposant le plan de projection relevé
de 0,88, côte du point le plus bas. Un arc de cercle suffit ; son
rayon est égal au tiers de la différence des côtes 1,19 et 0,88
($\frac{0,31}{3}$ ou 0,10) — Ce rayon est si petit qu'on a dû l'exagérer pour le
rendre sensible sur la figure — On voit que l'on peut, sans erreur sensible, se contenter de mener l'horizontale 2,08, parallèle à la ligne
de fond. Cette solution approchée suffit presque toujours.

Formes géométriques du revêtement des embrasures :

_____

[*] Des deux plans inclinés à 1 sur 3 qu'on peut mener
par la droite donnée (1,19 ; 0,88), un seul répond à la question.
C'est celui qui a sa trace du côté de la directrice.

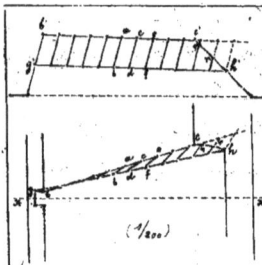

Si l'on coupe le quadrilatère gauche bcgh (en plan), ou bc'g'h (dans l'élévation), par des droites ab, cd, ef,... ou ab', cd'; ef',... qui s'appuient sur les côtés opposés bc et gh, ou bc'g'h; en étant parallèles au talus intérieur, on obtient une disposition tout-à-fait propre au revêtement en clayonnage. Les droites ab, cd, ef... ou leurs correspondantes ab', cd'; ef',... qu'on trouve immédiatement dans le profil, représentent les piquets autour desquels on doit clayonner, pour obtenir une clace gauche qui forme le revêtement exact de la joue. La droite ch se trouve remplacée par la petite courbe cqrh, lieu géométrique des rencontres des droites ab, cd, ef... avec le talus extérieur.

Voyez figures (m) et (m'), le plan et l'élévation d'une joue d'embrâsure revêtue en clayonnage.

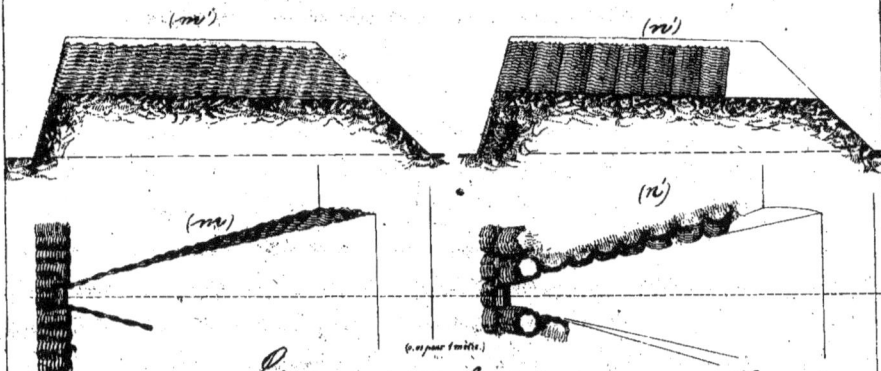

(m')   (n')

(n)

(m)

Les mêmes droites ab, cd, ef,... indiquent aussi les emplacements successifs des gabions avec lesquels on voudrait revêtir une partie des joues des embrasures. C'est suivant ab, cd, ef,... que les gabions touchent la ligne de fond gh, et le côté opposé bc. — Voyez ci-dessus, figures (n) et (n'), le plan et l'élévation d'une joue d'embradure revêtue en gabions — Les gabions, qui sont flexibles, se prêtent à ce gauchissement. . . . . . .

Si l'on couvre le quadrilatère gauche *bchg* par des droites *mm*, *nn*, (*voy. aussi l'élévation*), qui s'appuient sur les côtés opposés *bg* et *ch*, en restant parallèles au plan de la plongée, on obtient une disposition propre 1.° au revêtement en gazon dont les droites en question figurent les joints; 2.° au revêtement en saucissons. C'est suivant ces droites que les saucissons s'appuient contre les côtés *bg* et *ch*. Là, la ligne de fond *gh* se trouve remplacée par la courbe *gkh*, lieu des points de rencontre des droites *mm*, *nn*, . . . avec le fond de l'embrasure.

La figure suivante représente le plan et le profil d'une embrasure revêtue en saucissons, et armée d'un canon établi sur sa plate-forme.

Les saucissons de la joue s'arrêtent au revêtement du talus intérieur qui n'est interrompu que par l'ouverture de l'embrasure.

13. *Tracer la projection d'une barbette, pour une bouche à feu au saillant d'un ouvrage de fortification construit en terrain horizontal.*

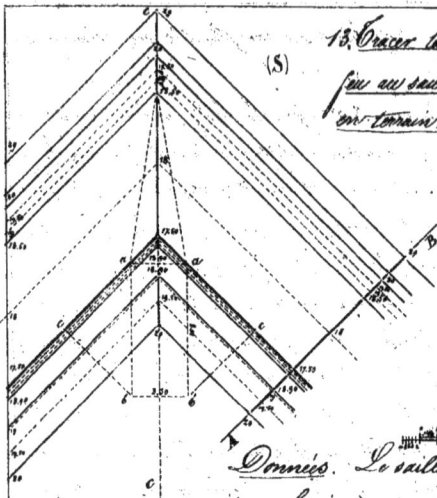

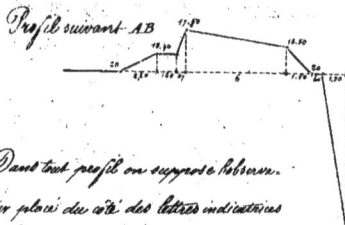

(S)

Profil suivant AB

Dans tout profil on suppose l'observateur placé du côté des lettres indicatrices de la direction du profil.

Échelle de 0,002 pour 1 mètre (1/500)

<u>Données</u>. Le saillant (S) d'un ouvrage, dont le profil AB peut aider au besoin à mieux comprendre la forme en relief.— La droite ce qui divise en deux parties égales ce saillant, est la capitale. L'emplacement de la barbette en projection est donné par les chiffres suivants: *Le pan coupé* aa, de 3,30, est perpendiculaire à la capitale cc, et limité à la crête intérieure.— A 8,30 vers l'intérieur, une autre perpendiculaire bb, aussi de 3,30, est élevée à la capitale.— Enfin, des points b, deux perpendiculaires bc sont abaissées sur la crête intérieure.— La figure acbba représente l'emplacement de la barbette en plan. Il faut maintenant, 1° élever cette étendue jusqu'à 1,40 au-dessous de la crête intérieure, c'est-à-dire à la côte 18,90; 2° la soutenir par des talus à 4/4 (45°), et leur donner une rampe d'arrivée à 6/4 et de 3,00 de largeur; 3° déterminer les droites de rencontre des talus et de la rampe avec les faces du saillant donné.

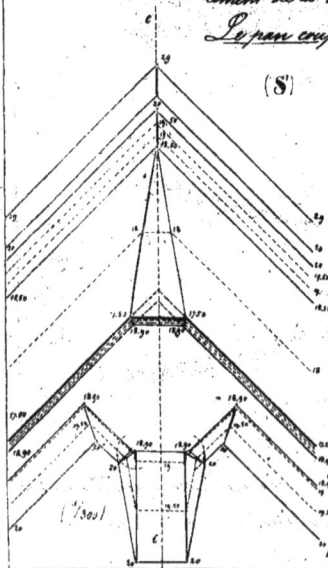

<u>Projection de la barbette</u>. La vue de la figure (S) suffit, après tout ce qui a été dit sur la rencontre de deux

polyédriés pour indiquer sans plus d'explications les opérations graphiques à exécuter. — La rampe est mise en capitale.

14. _Tracer la projection d'une barbette pour tirer bouche à feu, au saillant d'un ouvrage de fortification dont le plan de la crête intérieure est donné par son échelle de pentes._

(S) (S')

Données: ab, trace de la crête intérieure, et (16.94.17,80) son échelle de pente. — Épaisseur du parapet 6ᵐ. Plongée ¼. Talus intérieur ¾. Abaissement de la banquette au-dessous de la crête intérieure 1ᵐ40; largeur de la banquette 1ᵐ20. Talus de banquette ¾. Talus extérieur ¾. Il faut construire la projection des saillants.

Le terre-plein de l'ouvrage est parallèle au plan de la crête intérieure et à 2ᵐ50 de distance verticale. — Donc la droite (19.14.24,00), diviseé comme l'est la droite (16.94.17,80), est l'échelle du terre-plein. A la rigueur, on pourrait s'en passer; car on sait que deux points, l'un du plan des crêtes, l'autre du terre-plein, qui ont même projection,

ont des côtes qui diffèrent de 2ᵐ50

1° Face ab. La figure (S) qui est côtée (hauteurs et épaisseurs) s'explique d'elle-même.

2° Face bc. Comme pour la face ab, aux chiffres près.

La figure (S) est la projection complète du saillant sur lequel on a fait un pan coupé de 3ᵐ30, dont les côtes des extrémités sont (17.00) et (16.96). Elle présente aussi l'emplacement adccda qu'il faut en plan pour les trois pièces dont on doit armer le saillant; acbbca, emplacement pour la pièce du saillant (comme ci-dessus).

La droite de longue de 8ᵐ, est parallèle à bc et à 6ᵐ de distance.

Dans la supposition où les bouches à feu seraient montées sur des affûts de place, l'étendue adccda peut être tenue horizontalement à 1,50 au-dessous de l'arête (16.96. 17.00) du pan coupé.

(S'')

Projection de la barbette, de ses talus et de ses rampes.

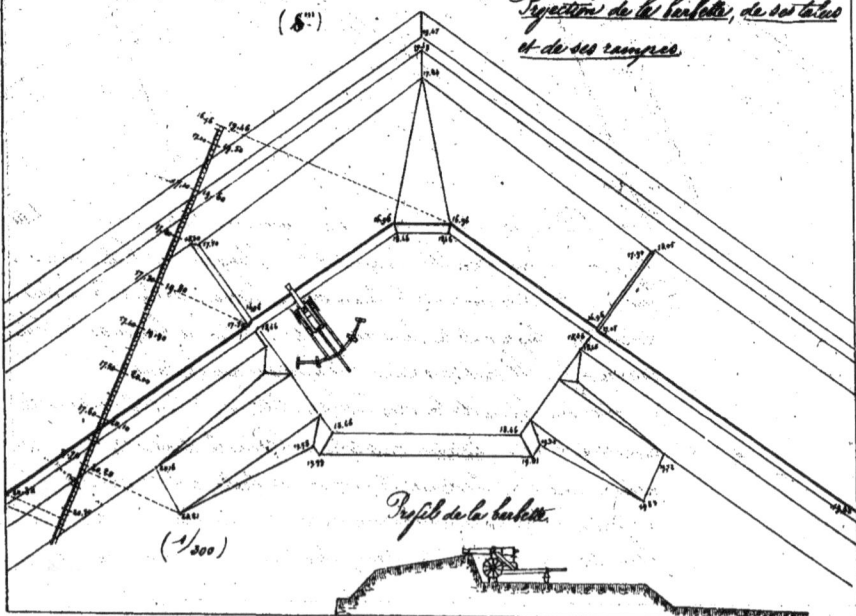

Profil de la barbette.

(¹⁄₃₀₀)

1.° *Terre-plein de la barbette.* — Il est à la côte 18.46, c'est à dire à 1,50 au-dessous de l'extrémité la plus élevée du parc coupé.

2.° *Relèvement du parapet* sur toute l'étendue de la barbette. — La crête est tenue à la côte 16.96 — Par cette crête, passent les nouveaux plans à ⁴⁄₁ qui vont rencontrer les talus extérieurs suivant les droites mn (17.84. 17.70) et m'n' (17.84. 17.90) — Les nouvelles plongées sont raccordées avec les anciennes par des petits talus à ³⁄₁ no,p,q et n'o'p'q' — Parce que l'échelle des pentes n'est pas parallèle à la capitale, les résultats ne sont pas tout-à-fait les mêmes sur une face que sur l'autre. Au reste, mêmes constructions.

3.° *Rampe de la barbette* — AB, échelle de pente du terre-plein du saillant. — CD, celle du plan abcd incliné à ⁴⁄₁ — On trouve, à l'aide de ces échelles, la droite de rencontre mn (ou bc) des deux plans qu'elles représentent. — On voit ce sont des horizontales de mêmes côtes 19.96 et 20.06 — Le pied de la rampe doit partir d'un point b du pied du talus de la banquette.

La rencontre du talus cde (⁴⁄₁) de la rampe avec le terre-plein s'obtient d'une manière tout-à-fait analogue.

La rencontre du talus abf (³⁄₁) de la rampe avec le talus de la banquette se construit de la manière suivante : — Du point a comme centre, avec un rayon de 1.69 (différence des côtes des points a et b) tracez un arc de cercle et menez-lui la tangente bc. Cette droite, qui est une horizontale (20.15) et le point a déterminent le second talus de la rampe. Pour avoir sa rencontre bf avec le talus de banquette : cherchez à l'aide des trapèzes projetants le point de rencontre p des deux droites (18.46. 20.15) et (18.70. 19.80) qui sont dans un même plan vertical. La droite bp est commune aux deux plans.

4.° *Talus de la barbette.* — On trouve d'une manière analogue que le talus à ⁴⁄₁ qui passe par l'arête horizontale 18.46, rencontre le plan de la

banquette suivant la droite gh, et le talus de banquette suivant
la droite gf. On en déduit la rencontre af du talus de la rampe
avec le talus de la barbette.

(A)

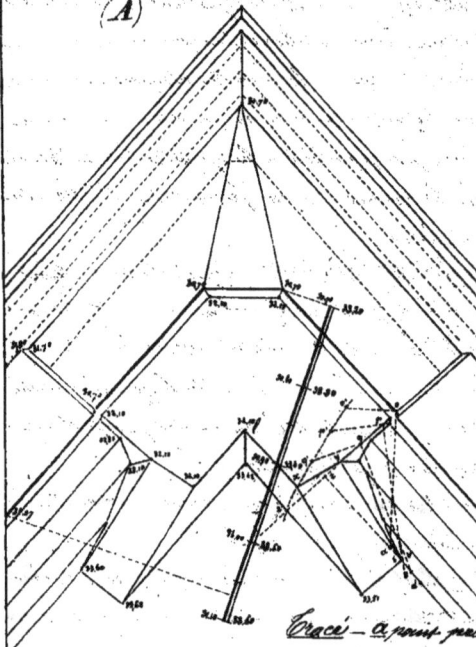

La figure (A) présente une autre disposition d'une barbette pour trois pièces. Les droites qui limitent le terre —
plein de la barbette sont parallèles
aux faces — Il est alors essentiel,
pour la facilité de la circulation, que
l'extrémité de la droite d'arrivée de
la rampe se trouve sur la limite de
la barbette — Au reste, chaque rampe
(b/) doit toujours être comprise entre deux
lignes de plus grande pente du plan,
distantes de 3ᵐ (largeur de la rampe),
et son pied doit se trouver sur le pied
du talus de banquette — Le tracé de la
rampe, suivant ces conditions, est le
résultat d'un tâtonnement.

B

Tracé — a point pris sur le pied du talus de banquette. On obtient
sa côte à l'aide de l'échelle de pente du veillant — Du point
a comme centre, avec un rayon égal à 6 fois la distance
qui existe entre la côte de ce point et la côte 32,10 de la barbette,
on décrit un arc qui coupe la limite latérale de la barbette au
point o — De ce point o, on élève à oa la perpendiculaire oz de
3ᵐ — Si, par hasard, le point z tombait sur la droite al, ce
qu'on aurait réussi dans le choix du point de départ a —
Cela n'étant pas, un autre point de départ b conduira
à un autre point p' — Un troisième point de départ c

conduira à un troisième point y', &c. et ainsi de suite. Le lieu géométrique de tous les points o', p', q'... forme une courbe o'p'q'x' qui coupe la crête xb au point x, qui est un point de la ligne de raccordement de la rampe sur le terre-plein de la barbette. — Du point x, à l'aide du rayon xy de 3ᵐ, on déduit le point y, lequel donne l'horizontale d'arrière xy. Le pied x se déduit du point y, à l'aide de la perpendiculaire yx à xy. On voit immédiatement que le point x, donné par la droite xx, oblique de 3ᵐ et perpendiculaire au pied du talus de banquette, est un point du lieu géométrique. . . . .

On remarquera que le plan (A) donne deux banquettes au parapet, ainsi que cela se pratique dans les nouvelles constructions. — Voyez le profil (B). — En arrière de la banquette des fusiliers, est une seconde banquette facile à transformer en une plate-forme d'artillerie, par l'enlèvement des terres de la première, partout où l'on veut mettre du canon en batterie. — Le sol de cette seconde banquette est à 2ᵐ10 au-dessous de la crête intérieure, hauteur suffisante pour couvrir les canonniers. — Transformée en plate-forme, cette banquette aurait 4ᵐ60 de largeur, à partir de la crête intérieure; largeur suffisante pour que les gîtes du nouvel affût de place reposent sur un terrain solide. . . .

La figure (C) représente le plan du terre-plein de la barbette d'un saillant armé de cinq bouches à feu, dont une montée sur le nouvel affût de place et tirant en capitale. — ab = 1ᵐ12, l'emplacement de la chenille ouvrière. — bc rayon de 4ᵐ50. — Le tracé est analogue à celui de la figure (A).

15° _Projection complète d'une lunette._

On appelle lunette, en fortification, un ouvrage avancé dont

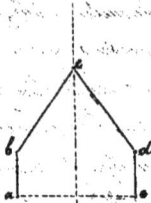

Le tracé abcde donne la forme générale dans le sens horizontal; c est le saillant; bc et cd sont les faces; ab et dc sont les flancs. La partie ouverte ac est la gorge. Ouvrage avancé, veut dire ouvrage construit à une distance plus ou moins grande en avant des autres fortifications de la place.

Dans le dessin d'ensemble de la page 71, la crête intérieure est située dans un plan dont l'échelle de pente est la droite divisée (25, 25, 30). On a pu, d'après cette échelle, déterminer la forme complète du parapet de la lunette. Son terreplein s'arrête à un fossé fff' qui entoure un petit réduit R ou refuge en maçonnerie pour la retraite des défenseurs. Du réduit, la retraite dans la place s'effectue d'abord par une communication en caponnière cc, c'est-à-dire entre deux parapets en terre; puis par une communication souterraine cD.

En avant de la lunette est un fossé fff', qui précède un ouvrage en terre dont le développement ghiklmnop présente des angles saillants et des angles rentrants. C'est le chemin couvert dont la plongée (voyez le profil P) s'étend en pente très-douce jusqu'à la campagne. Cette plongée, ainsi disposée, prend le nom de glacis; la ligne qrst, rencontre des plongées avec le terrain, est le pied des glacis. On dit aussi la crête des glacis.

La forme générale du chemin couvert est interrompue de distance en distance par des masses de terre x et y, qu'on nomme traverses. Les deux traverses x, x, qui sont dans le prolongement des faces de la lunette, limitent, avec le saillant b du chemin couvert, un emplacement à qui s'appelle place d'armes saillante. Les deux autres traverses y, y forment les places d'armes rentrantes B, B.

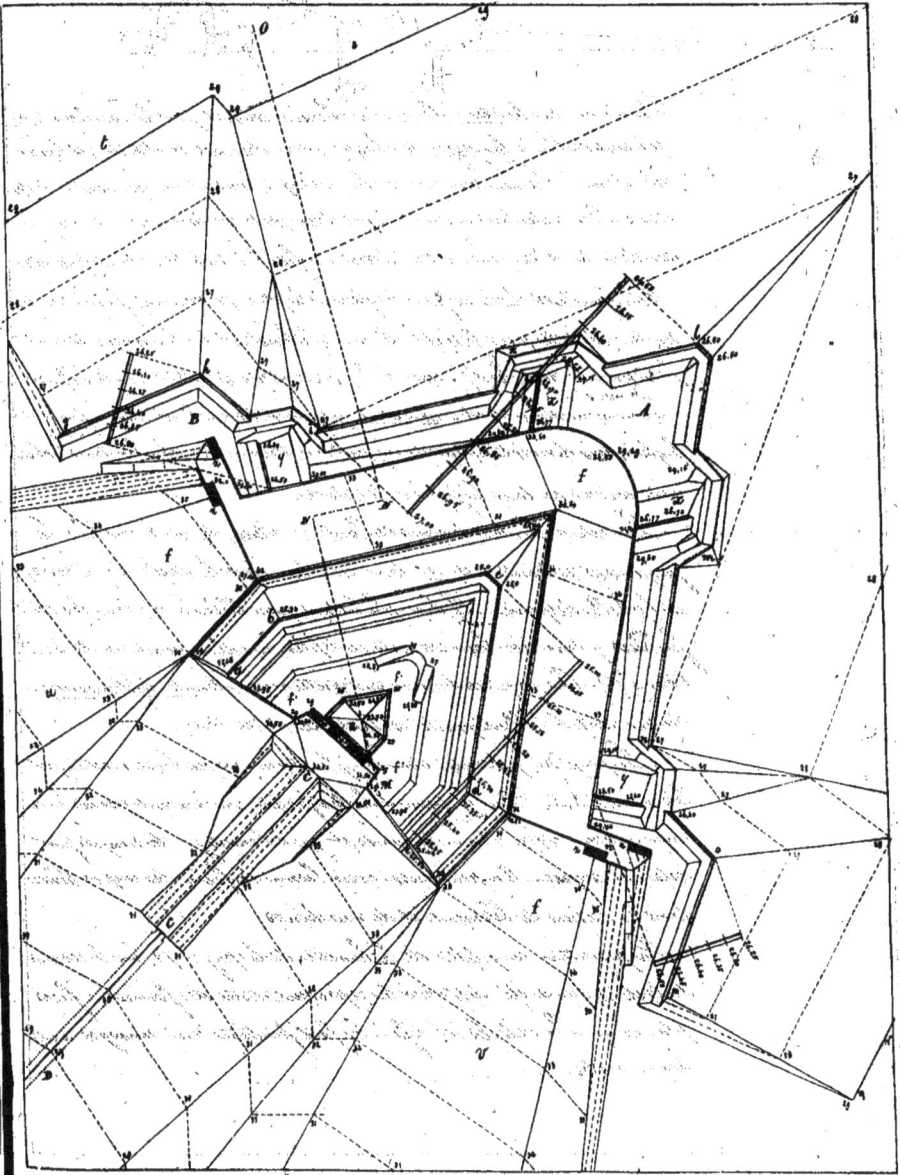

(P)

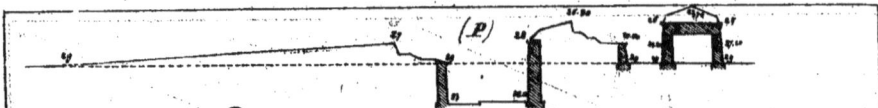

On monte sur le *terre-plein* du chemin couvert par les escaliers e, e, qui sont établis à la *gorge* de chaque place d'armes rentrante ; et l'on circule dans le chemin couvert par les *passages* qui sont ménagés autour des traverses — On monte dans le fossé FF' par deux petits escaliers construits à la gorge du réduit n — Deux rampes conduisent du fossé FF' sur le terre-plein de la lunette.

Cette lunette est élevée au pied des glacis de la place, qui viennent finir à leur dans son fossé ; de sorte que le fossé et l'intérieur de la lunette et du chemin couvert sont entièrement vus par les défenseurs de la place (condition importante pour la défense) — La communication CC est à ciel ouvert, jusqu'au point où elle est assez enfoncée sous le glacis pour devenir souterraine. La pente intérieure se débouche dans le chemin couvert ou dans le fossé de la place.

La crête de la place d'armes saillante est située, depuis le saillant C jusqu'aux rentrants, i et ss, dans un plan dont la droite, divisé (24.50.27) est l'échelle de pente — Le terre-plein étant parallèle à ce plan, les défenseurs y sont très-bien couverts ou défilés, en quelque point qu'ils se trouvent — Chaque place d'armes rentrante a un plan de défilement particulier dont l'échelle de pente est la droite (24. 25. 26. 50).

Le profil (P) présente un exemple d'une coupe brisée rectangulairement N N. Dans le dessin des fortifications, on se trouve réduit à ce moyen, qui n'a pas d'inconvénients, et qui a l'avantage de simplifier certaines coupes — On peut aussi avoir besoin de faire des coupes brisées dans les dessins des bâtiments et de machines.

La projection complète de la lunette de la page 71, est le résumé de tout ce qui a été dit sur la représentation des formes à faces planes — Les détails relatifs à la fortification sont renvoyés aux leçons spéciales.

2.ᵉ Partie.

Représentation des corps terminés par des surfaces courbes.

Cône.

Formation du cône. — Le cône est un corps limité par une surface conique et par un plan. — Ce plan détermine la base du cône.

1. *Surface conique.* — Soit l'ellipse (3.9.26.12), projection d'un cercle, et soit le point (39) pris en dehors du plan de ce cercle — joignez le point (39) avec des points du cercle donné, et vous aurez autant de positions différentes d'une droite qui, passant toujours par le point (39), se mouvrait en s'appuyant constamment sur la circonférence du cercle. — Le nombre de ces droites (39.24), (39.18), (39.9), (39.3)... est infini. Leur lieu géométrique se nomme *surface conique.* — Le point fixe (39) est le *centre* de la surface; le cercle fixe en est la *directrice*; et les droites (39.24), (39.18)... sont autant de positions de la *génératrice*, ou, comme on le dit souvent, des *génératrices* de la surface. — Cette surface se compose de deux *nappes*, c'est-à-dire de deux parties opposées par le *centre* et tournées dans des sens opposés. — Lorsqu'on ne considère qu'une nappe en particulier, le centre prend le nom de *sommet.*

Parmi toutes les génératrices, on en distingue deux : ce sont les génératrices extrêmes, c'est-à-dire, celles qui sont tangentes à l'ellipse qui limitent la surface, et qui en déterminent le *contour* dans le sens horizontal.

Les surfaces coniques se distinguent par leur directrice : Si la directrice est un *cercle*, une *ellipse*, une *parabole*... la surface conique est *circulaire*, *elliptique*, *parabolique* — Dans le cas où la directrice a un centre, la droite qui va de ce centre à celui de la surface, est

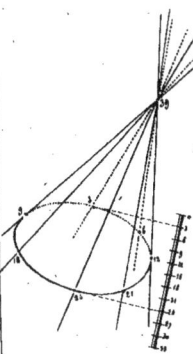

l'axe de la surface.

Si la directrice est une courbe fermée (cercle ou ellipse), la surface conique est fermée. Si la directrice est une courbe ouverte (parabole (a) ou spirale (b), la surface conique est ouverte.

La directrice peut ne pas être plane. Suivez un chemin quelconque sur une surface conique circulaire, en marquant successivement les points (12), (24, 5), (29) ... où vous rencontrez les génératrices de la surface. La courbe (12. 24. 30. 29. 30. 50. 36. 7. 50) qui unit tous ces points d'une manière continue, est une courbe non plane, placée sur la nappe (A) de la surface conique circulaire. La courbe (10. 29. 50. 50. 46. 39) en présente un autre exemple, prise sur la nappe (B). Les courbes (A) et (B) sont dites à double courbure, tandis que la circonférence de cercle, l'ellipse, la spirale, ... sont des courbes à simple courbure. Joignez les différents points des courbes (A) et (B) à un point pris à volonté, et vous aurez deux surfaces coniques générales (A') et (B').

Qu'on suppose limitée à un plan, une des nappes d'une surface conique fermée: l'espace fermé de toutes parts par ces deux surfaces est un cône. Si la base est circulaire, et si l'axe du cône est perpendiculaire au plan de la base, on a un cône circulaire droit. Si l'axe n'est pas perpendiculaire à la base, le cône est circulaire oblique.

On se contente, dans la représentation du cône, de tracer sa base et son contour. Du reste, il est facile d'avoir une ou plusieurs génératrices à volonté, à l'aide de la base qu'on se donne par ses deux axes, ou mieux encore, par son échelle de pente.

2. Un cône circulaire étant donné, le couper par un plan donné.

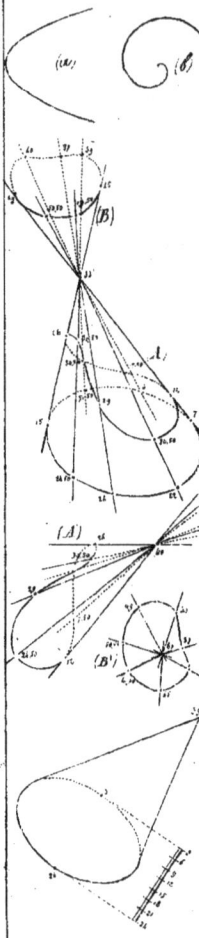

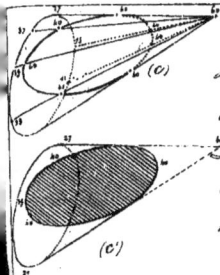

(C)

(C')

1ᵉʳ cas — *Coupe horizontale*, à la côte 40 — Tracez un certain nombre de génératrices de la surface du cône; marquez sur chacune d'elles le point côté (40), et joignez tous ces points par une courbe continue (40, 40.....). Lorsque le plan coupant rencontre toutes les génératrices de la surface, comme cela a lieu dans la figure (C), l'intersection est une courbe fermée, qu'on nomme *ellipse*. Les deux points de la courbe qui se trouvent sur les génératrices du contour, sont essentiels à trouver; car ils indiquent les points de passage de la partie vue à la partie cachée.

La figure (C') représente un cône tronqué plein.

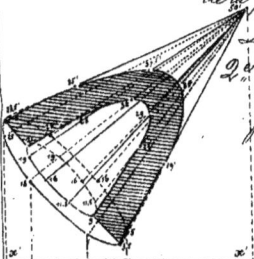

(d)

2ᵉ cas. *Coupe verticale*, par le plan xx — L'élévation (d), faite sur un plan parallèle au plan coupant, montre la coupe suivant sa vraie grandeur — On voit d'après la forme de cette coupe que le cône donné (d) est creux et ouvert sur sa base — D'un autre côté, la section est une courbe ouverte, parce que le plan coupant se trouve être parallèle à une génératrice de la surface du cône. Dans le cas de la figure (d), il est parallèle à la génératrice (16, 50) du contour — Cette courbe ouverte est une *parabole*.

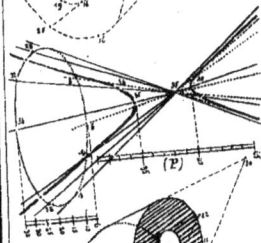

(P)

(e)

3ᵉ cas — *Coupe oblique*, par le plan (P) — Tout consiste à construire la rencontre d'un certain nombre de génératrices du cône avec le plan donné.......

Le plan (P) a été pris parallèle aux deux génératrices (35, 28) et (35, 28); d'où il résulte qu'il rencontre les deux nappes de la surface du cône, chacune d'elles suivant une courbe qui est une *branche* d'une seule et même *courbe*. Cette courbe à deux branches est l'*hyperbole*.......

4ᵉ cas. Si le plan coupant était *parallèle à la base*, le résultat serait un *tronc de cône* (e), à bases circulaires.

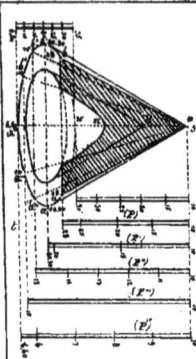

5ᵉ cas. Enfin, si le plan passait par le sommet du cône, le résultat serait un triangle (28.10.28); parce que tout plan passant par le sommet ne peut rencontrer la surface conique que suivant deux génératrices.

Lorsque les deux génératrices viennent à se réunir en une seule, par suite d'un certain changement de position du plan coupant autour du sommet, ce plan n'a plus de commun avec la surface qu'une seule génératrice; alors on dit qu'il touche le cône suivant cette génératrice, ou qu'il lui est tangent. — Ainsi le plan (P) coupe la surface suivant le triangle a s b, et la base suivant la droite ab; le plan (P') coupe suivant a's b' et a'b' (a'b' parallèle à ab); le plan (P'') coupe suivant a''s b'' et a''b'' (a''b'' parallèle à ab). Enfin, lorsque les deux points a et b, a' et b', a'' et b''...... se sont réunis en un seul a''', le plan (P''') est un plan tangent à la surface conique, suivant la génératrice de contact s a'''.

Le plan tangent rencontre le plan de la base suivant une droite a''' t tangente à l'ellipse. Cette tangente et la génératrice de contact déterminent le plan tangent.

On nomme sections coniques, l'ensemble des lignes qu'on peut obtenir en coupant la surface d'un cône circulaire par un plan; le cercle, l'ellipse, la parabole, l'hyperbole et deux droites concourantes (cas particulier de l'hyperbole), sont les sections planes du cône.

3.   Représenter un cône par des sections horizontales équidistantes.

Toutes les sections faites dans un cône par des plans parallèles sont des courbes semblables, de même que dans une pyramide les sections parallèles sont des polygones semblables...........

(a). (b). (c). (d).

(e).

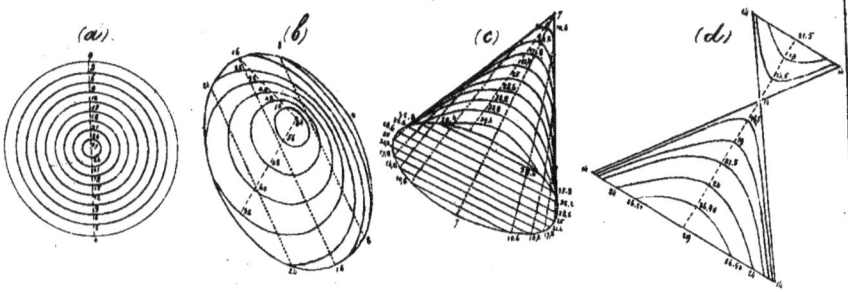

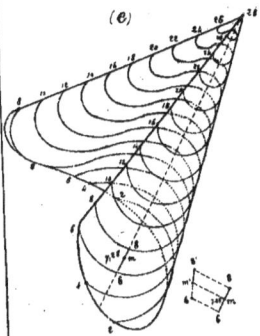

Les figures (a), (b), (c), (d) représentent des sections faites
dans un cône circulaire — Fig. (a). sections circulaires dans
un cône droit et vertical — Fig (b), sections elliptiques —
Fig (c). sections paraboliques — Fig (d), sections hyperboliques
Fig (e). Cas où le cône est quelconque — On voit, d'après la
nature des sections, que ce cône n'est pas convexe.

On doit voir immédiatement qu'il est très-facile d'avoir
la cote d'un point m compris entre deux sections horizontales
on peut recourir au petit trapèze projetant (6.8.8.6), ou chercher
le rapport de la distance 68 à la distance 6m.

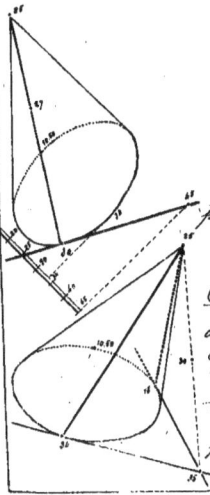

34. Un cône étant donné, lui mener un plan tangent.

1° Plan tangent suivant une génératrice donnée (25.30) —
Au point (30) menez la tangente (30.45) au contour de la base — Le
plan (25.30.45) est le plan demandé.

2° Plan tangent passant par un point extérieur donné
(30) — La droite (25.30) appartient nécessairement au plan demandé
— Cherchez le point (35) où cette droite perce le plan de la base.
Par ce point, menez les deux tangentes (35.34) et (35.16) au contour de la base. Le plan (25.34.35) et le plan (25.16.35) passent par le
point donné et touchent la surface: le premier suivant la génératrice

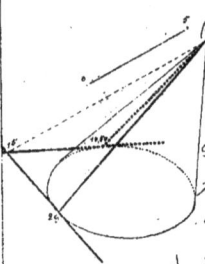

(25, 34), le second suivant la génératrice (25.16)

3° *Plan tangent parallèle à une droite donnée (5.0).*

La droite (35.15), parallèle à la droite donnée, appartient nécessairement au plan demandé — Cherchez le point (15) où elle perce le plan de la base, et, par ce point, menez les tangentes (15.29) et (15.10,50) à la base — Les plans (25.29.15) et (25.10.50.15) sont deux plans tangents............ (*)

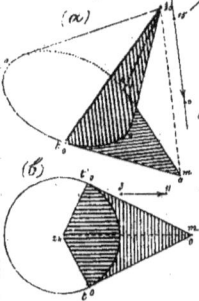

Application. Supposez que la droite de parallélisme (15.0) soit la direction d'un faisceau de rayons lumineux parallèles — Alors les deux tangentes mt et mt' à l'ellipse de base, représentant la limite de l'ombre portée par le cône sur le plan de projection, et les génératrices de contact, sont des séparations d'ombre et de lumière — Voyez les figures (a) et (b).

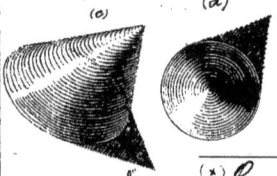

Considérez le cône comme une pyramide d'une infinité de petites facettes, recevant chacune une teinte, plus ou moins foncée selon la manière dont elle est éclairée — L'ensemble de ces teintes produira l'effet que représentent les figures (c) et (d). Le cône étant ainsi assimilé à la pyramide, tout ce

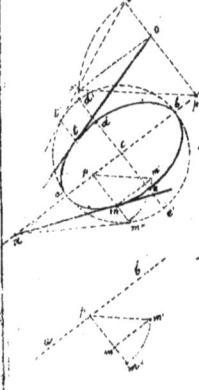

(*) Les constructions qui précèdent supposent qu'on sait mener une tangente à l'ellipse.

1° *Tangente à mener par le point m de l'ellipse amb.* Cette ellipse peut être regardée comme la projection d'un cercle d'un rayon égal au grand axe ab — Donc si l'on décrit une circonférence amb sur ab comme diamètre, cette circonférence sera le rabattement, autour de ce diamètre, du cercle en relief — Le point m'' situé sur le perpendiculaire mp à ab sera le rabattement du point m, et la tangente m''x sera le rabattement de la tangente au point m — Donc la droite mx est la tangente demandée — L'angle m''pm mesure la pente du plan du cercle en relief.

2° *Tangente à mener par un point extérieur o* — Rabattez le point o en o'' en même temps que le cercle; menez la tangente o''t, et relevez le tout...

qui a été dit sur la pyramide, à propos de développements, d'effets d'ombre et de lumière, et de perspective, s'applique au cône.

Cylindre.

Formation du cylindre. Le cylindre est un corps limité par une surface cylindrique et par deux plans parallèles entre eux — Ces plans déterminent les bases du cylindre.

5. *Surface cylindrique.* Soit l'ellipse (0.6.17. et 1), projection d'un cercle — Menez par des points de ce cercle des droites (0.10), (6.16), (17.27), (21.31), ... parallèles entre elles, mais suivant une direction arbitraire ; vous aurez autant de positions différentes d'une droite qui, en se mouvant parallèlement à elle-même, s'appuyera sur la circonférence du cercle donné — Le nombre de ces droites est infini. Leur lieu géométrique se nomme *surface cylindrique* — La droite (0.14) à laquelle elles sont toutes parallèles, est la *droite de parallélisme*.

La surface cylindrique n'est qu'un cas particulier de la surface conique. C'est le cas où le centre, après s'être éloigné successivement de la directrice, est arrivé à une distance plus grande que toute grandeur donnée, ou comme on dit, pour abréger, à l'infini. En un mot, une surface cylindrique est une surface conique dont le centre est à l'infini sur chacune des génératrices — Les deux nappes se confondent en une seule — Tout ce qui a été dit sur la surface conique s'applique donc à la surface cylindrique — Les sections cylindriques sont les mêmes que les sections coniques, à l'exception de celles qui disparaissent par suite de la modification que la surface a subie — On trouve le cercle et l'ellipse ; mais plus de parabole, ni d'hyperbole — Le système des deux droites parallèles (cas particulier de l'ellipse) remplace celui des deux droites concourantes dans le cône..........

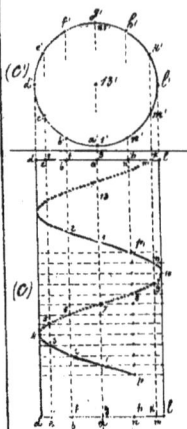

Application. Comme sur un cône, on peut tracer sur un cylindre une infinité de courbes à double courbure. Il en est une qu'il convient de définir et de représenter, parce qu'elle est d'un très-grand usage, et que, d'ailleurs, elle est facile à comprendre. C'est l'hélice cy= lindrique.

Soit le cylindre horizontal (C) dont l'axe est coté (13), et soit (C') son élévation sur un plan perpendiculaire à l'axe— Tracez sur sa surface une suite de génératrices équidistantes entre elles, 12 par exemple a', b', c', d', ... sur l'élévation; et aa, bb, cc, dd, ... sur le plan— En plan, une même projection répond à deux génératrices en relief, excepté pour les génératrices du contour.

Cette première disposition faite, prenez sur l'une des génératrices (hh, par ex.) un point p, à volonté, et un autre point p, aussi à volonté— Divisez la distance pp, en 12 parties égales.

Cette seconde disposition faite, supposez que le point p, devenu mo= bile, se soit transporté, sans quitter la surface du cylindre et d'un mou= vement continu, de la génératrice hh à la suivante gg, et en s'avançant d'un 12me de la distance pp,— Il arrivera ainsi dans la position 1. De la position 1, il pourra arriver d'une manière analogue à la position 2, puis de la position 2 à la position 3, et ainsi de suite— Le lieu géométrique de toutes les positions que prend un point qui tourne sur une surface cylindrique, tout en s'avançant parallèlement à l'axe de la surface, se nomme hélice cylindrique. Cette courbe est évidemment à double courbure et infinie— On l'appelle quelquefois cour= be rampante— La distance pp, est le pas de l'hélice; c'est le chemin rectiligne parcouru par le point mobile, après une révolution, c'est-à-dire, après qu'il est revenu sur la génératrice de départ— L'étendue de la courbe comprise entre les deux extrémités du pas, se nomme spire Le rayon du cylindre est le rayon de l'hélice— L'hélice est régulière, lorsque le mouvement de rotation et le mouvement de translation se font ensemble suivant les mêmes parties aliquotes de la circonférence de la base et du pas. Elle est *irrégulière*, lorsque ce rapport n'est pas constant.

L'inclinaison de l'hélice est exprimée par le rapport d'une partie aliquote du pas à la même partie aliquote de la circonférence de la base (½ du pas à ½ de la base, par exemp.) — Elle augmente ou diminue avec le pas, le rayon étant constant. ...... Dans le cas où l'axe est vertical, l'inclinaison est une *pente*. Alors, comparant l'hélice régulière dont l'inclinaison est constante, à un talus, on dit une *hélice douce*, *rapide*, *moyenne* ..... Cette inclinaison est en effet constante, car si on développe sur un plan le cylindre sur lequel elle est tracée, elle se transforme en une *droite*.

On pourrait, en opérant d'une manière analogue, former sur le cône une courbe rampante analogue à l'hélice cylindrique : on aurait alors une *hélice conique* .....

Dans les arts et dans les objets de la nature, on rencontre beaucoup de formes qui sont basées sur les hélices ....

6. <u>Représenter un cylindre par des sections horizontales équidistantes.</u>

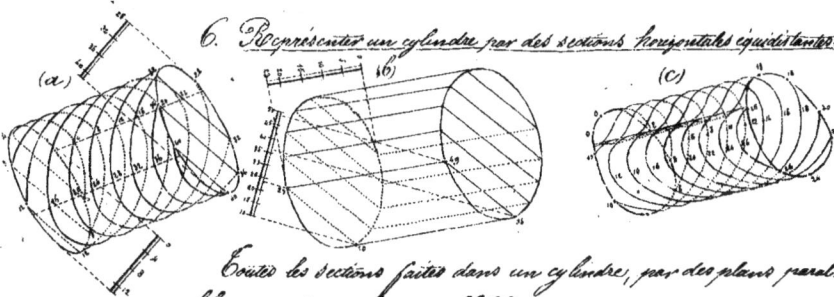

Toutes les sections faites dans un cylindre, par des plans parallèles, sont des courbes *semblables* ....

Fig. (a) sections elliptiques dans un cylindre elliptique ou circulaire. Fig (b) sections rectilignes — Fig (c) sections dans un cylindre quelconque, non convexe.

(b). Les sections ne sont pas horizontales.

7. _Un cylindre étant donné, lui mener un plan tangent._ Mêmes méthodes que pour le cône.

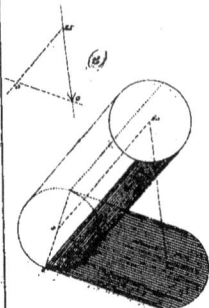

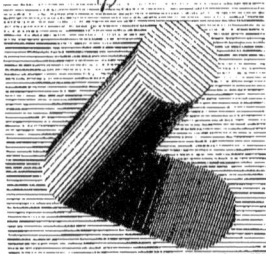

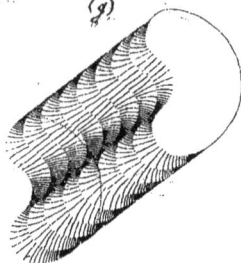

Application. Le cylindre est un prisme dont la surface serait formée d'une infinité de petites facettes planes, auxquelles, dans la pratique du dessin, on donne des dimensions finies. Par suite de cette assimilation, tout ce qui a été dit sur le prisme, à propos de développements, d'effets d'ombre et de lumière, et de perspective, s'applique au cylindre. — Les figures (e) et (f) en représentent des exemples.

La fig. (g) montre, comme objet de comparaison, un cylindre représenté par des lignes de plus grande pente. Ces lignes, qu'on suppose tracées sur l'élément courbe que comprennent entre elles deux sections consécutives, ne peuvent plus être des droites comme cela a lieu dans les polyèdres. Ce sont de petites portions de courbes perpendiculaires à la fois à la section inférieure et à la section supérieure.

Surfaces de révolution.

8. _Un point étant donné, le faire tourner circulairement autour d'un axe horizontal (20.20), et trouver sa projection verticale, après qu'il a décrit un arc donné (a)._

La projection du point (33) après le mouvement fait, doit se

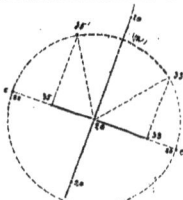

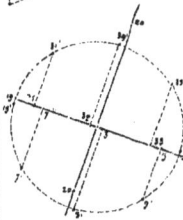

trouver sur la perpendiculaire indéfinie (20.33) à l'axe.— On cherche la vraie grandeur (20.38) du rayon de l'arc que décrit le point (33); cet arc rabattu autour de son diamètre horizontal, viendra en (33'.35'), l'angle 38'.20.33' étant égal à l'angle donné; qu'on relève cet arc, et le point (35) sera la projection du point (33) après son mouvement.— La droite (35.33) sera la projection de l'arc.— Cette solution est une conséquence toute simple du mouvement de chaussière, qu'on a déjà traité.— La droite cc (20.20) représente le diamètre horizontal de la circonférence que le point (33) décrirait après une révolution.— Il serait facile de marquer sur cette circonférence un certain nombre de positions du point mobile. Ainsi la figure ci-à-côté représente huit positions séparées par des arcs égaux, partant de la position première (33) du point mobile.

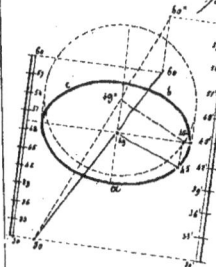

Cas où l'axe n'est pas horizontal.— (30.60) l'axe donné; (45) le point mobile.— Construisez l'échelle de pente (30.60) du plan (45.30.60). Rabattez ce plan et menez la perpendiculaire (45'.49') à l'axe rabattu (30.60'').— Relevez le point (49'); le point (49) est le centre du cercle que décrit le point (45), et la droite (45.49) en est le rayon.— Rien de plus simple que de tracer l'ellipse (abc), projection du cercle lui-même.— Si l'on voulait avoir plusieurs positions du point mobile, on se les donnerait en rabattement; après quoi, on les relèverait.......

9. Construire le lieu géométrique de toutes les positions que peut prendre une ligne qui tourne circulairement autour d'un axe donné.

1° Cas où l'axe est horizontal (20.20).— La ligne donnée (20.20.20.) représentant le profil du bouton de culasse d'un canon de siège de 16

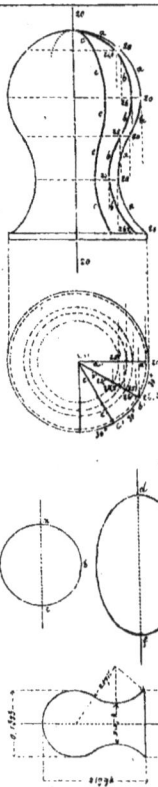

au 5ème — La vue de la figure suffit pour démontrer comment, de la position de départ a.a.a. on arrive à la position b.b.b., après que chacun des points a décrit un arc de 30°. La courbe c.c.c. est la position de la courbe mobile après un arc de 60° degrés — Etc. — L'ensemble de toutes ces positions forme une surface de révolution, dont la droite (20.20) est l'axe, et dont la courbe a.a.a. est la génératrice. Toutes les courbes a.a.a., b.b.b., c.c.c., qui sont dans un même plan avec l'axe, sont autant de courbes méridiennes ou simplement des méridiens — Les cercles, tels que abc... qui sont tous perpendiculaires à l'axe et par conséquent parallèles entre eux, sont des parallèles. —

On appelle corps ou solide de révolution, tout corps terminé par une surface de révolution fermée de toutes parts, ou par une surface de révolution et par des plans perpendiculaires à l'axe. La sphère qu'engendre une demi-circonférence de cercle abc tournant autour d'un de ses diamètres comme axes; l'ellipsoïde qu'engendre une moitié d'ellipse tournant autour d'un de ses axes; le bouton de culasse d'un canon; sont autant de corps de révolution — Ces corps sont ceux que les tourneurs exécutent sur leur tour.

La génératrice peut être une courbe quelconque, plane ou non plane; rien ne change dans les constructions ...... (exercices)

La génératrice peut être une droite — La surface enveloppe alors un cône ou un cylindre de révolution, selon que la génératrice rencontre l'axe, ou qu'elle lui est parallèle — Le cône et le cylindre de révolution ne sont autre chose que le cône et le cylindre circulaires droits.

Lorsque la génératrice ne rencontre pas l'axe, sans lui être parallèle, la surface engendrée par elle enveloppe un hyperboloïde de révolution. (exercices).

2.° *Cas où l'axe est quelconque* (20.37). On suppose que la génératrice est le profil du bouton de culasse précédent ; que ce profil passe par l'axe et par le point O (40). — Tout consiste à construire d'abord le profil qui passe par le point (40), ce que l'on doit faire par rabattement. On construit ce profil, après qu'il a décrit un arc donné, de 30 par exemple ...... &.ᵃ ;

Une surface de révolution peut être représentée de deux manières, comme lieu géométrique de toutes les positions de la génératrice, fig. (A) ; ou comme lieu géométrique des cercles décrits par tous les points de la génératrice, fig. (B). — Dans l'un ou l'autre cas, la courbe tangente à toutes ces positions détermine le *contour horizontal* de la surface.

10. *Un corps de révolution étant donné, le couper par un plan donné.*

1.° *Coupe horizontale, à la côte* (28). — Il suffit de chercher sur chacun des parallèles de la sphère creuse (a), le point côté (28). — Mais la surface de la sphère a la propriété de ne pouvoir être coupée par un plan que suivant un cercle. Donc on n'a besoin que de trouver le rayon de la section, ce qui est facile à l'aide du parallèle *principal ou équateur* ......

2.° *Coupe verticale, par le plan x.x.* — Il suffit de coter les points où les parallèles de la surface rencontrent le plan x.x. — Pour avoir la section dans sa vraie grandeur, il suffit d'en faire une élévation parallèle au plan x.x. ...... fig (b).

3.° *Coupe oblique, par le plan* (P). — Le corps donné est un ellipsoïde à axe horizontal (25.25). —

1.° Points situés sur le contour horizontal : — Ils sont à la rencontre de l'horizontale (25.25) et de l'ellipse de contour qui est elle-même

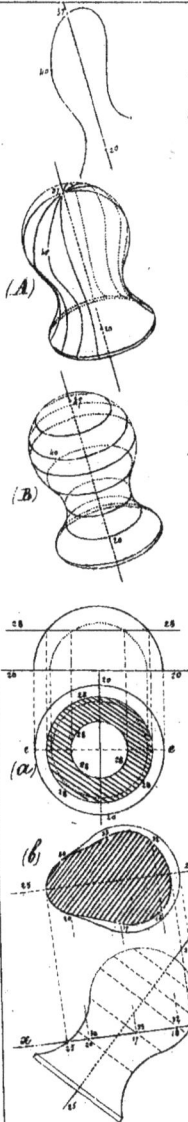

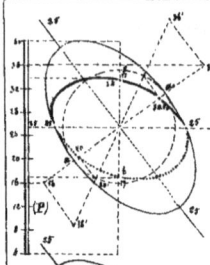

côté (25) — 2° Point le plus haut (h), et point le plus bas (6) : on les atteint directement en faisant une section parallèle à l'échelle du plan coupant, et passant par le centre de l'ellipsoïde — 3° Points situés sur un parallèle *aa*, par exemple : le plan de ce parallèle rencontre le plan (P) suivant la droite (16.36). Cette droite et le cercle vertical lui-même se rencontrent (voyez le rabattement) suivant deux points (30) et (30,50) qui appartiennent à la courbe cherchée.

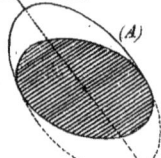

Constructions analogues pour un autre parallèle — Le résultat est l'ellipsoïde tronqué (A).

Cas général. C'est celui où l'axe du corps et le plan coupant sont quelconques. (Exercices).

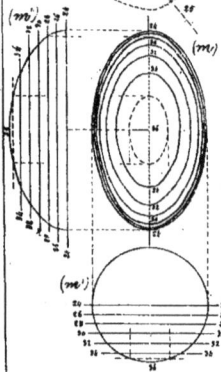

11. Représenter un corps de révolution par des sections horizontales équidistantes.

1° Cas où l'axe est horizontal — Voyez l'ellipsoïde de la figure (xa) — L'élévation (m) donne les petits axes des sections, et l'élévation (m') donne les grands axes —— Entre le plan côté (30) et le sommet (36) on a fait une section intermédiaire qui sert à mieux établir la continuité.

2° Cas où l'axe est quelconque — Soit (0) le pied de l'axe, l'angle 32.0.32' sera l'inclinaison de cet axe sur le plan horizontal, et par suite sur tous les plans coupants — Rabattez le corps autour de la ligne (0.0) comme charnière — Construisez en rabattement la section du corps par un plan incliné sur l'axe suivant un angle égal à (32.0.32') puis par une suite de plans parallèles à celui-là et équidistants — Cela fait, relevez le corps dans sa position primitive, et toutes les sections tracées sur la surface. (Exercices).

On a plus tôt fait de recourir à une élévation parallèle à l'axe, ou au

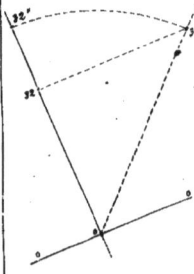

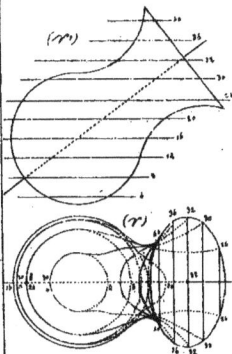

qui veut dire la même dire la même chose, de rabattre le corps autour de la trace du trapèze projetant de l'axe, comme charnière ; d'y tracer les plans coupants équidistants.....&c. (Voyez le plan (r) et l'élévation (r') du bouton de culasse d'un canon).

Pour que cette représentation fût suffisamment exacte, il faudrait un plus grand nombre de sections. Cet exemple montre qu'il y a des formes et des positions de corps qui se prêtent peu à ce moyen de représentation. La même observation s'applique au cas où l'on substitue aux courbes horizontales les lignes de plus grande pente pente qui peuvent être tracées sur la surface, de l'une à l'autre courbe.

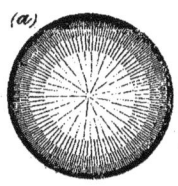

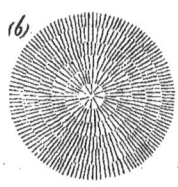

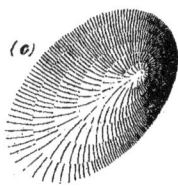

Exemples de corps représentés par l'ensemble de lignes de plus grande pente. — (a) sphère — (b) cône de révolution à axe vertical. Il y a beaucoup de ressemblance entre ces deux corps; toutefois on ne saurait les confondre. Sur le cône, l'écartement horizontal des courbes est constant; sur la sphère, il va en augmentant, de l'équateur au pôle — (c) autre cône à axe incliné — (d) ellipsoïde de révolution dont l'axe est quelconque — Ces formes se prêtent assez bien à ce genre de représentation.

Il est presque inutile de répéter que les lignes qui doivent partir perpendiculairement d'une courbe, et arriver perpendiculairement sur celle qui la suit immédiatement, ne peuvent plus être des droites. Cela ne serait que si les sections étaient extrêmement rapprochées.

12. Un corps de révolution étant donné, lui mener un plan tangent.

Soit un corps de révolution (E), et un plan (P) qui ont un point commun (M) : — si on coupe le corps et le plan par une suite de plans

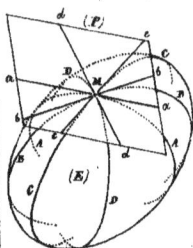

passent tous par le point (M.), on aura, d'une part, une droite de courbes AA, BB, CC, DD..., et de l'arête, une suite de droites correspondantes aa,
bb, cc, dd, ... — Si, dans chaque plan coupant, la droite est tangente à
la courbe au point M, le plan qui contient toutes ces tangentes, est
un plan tangent à la surface du corps. C'est ce qui arrive lorsqu'on
pose un boulet, un œuf, une bille..... sur une table bien dressée. Le plan
de cette table est tangent à la surface de ces corps — On voit que le
contact dans les surfaces de révolution n'est pas aussi étendu que
dans les surfaces coniques ou cylindriques. Il s'y réduit à un
point, tandis que dans ces dernières, il a lieu suivant toute une
génératrice droite.

　　Un plan étant donné par deux droites qui se coupent, on
se contente, dans la pratique du dessin, de construire les tangentes
à deux sections différentes, pour déterminer le plan tangent en un
point donné ; et comme on est libre de choisir, on prend pour sections la méridienne et le parallèle qui passent par le point donné.

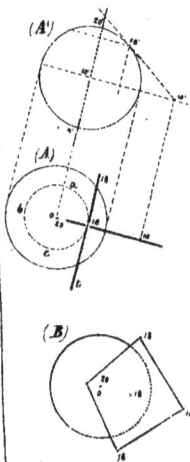

13. Plan tangent en un point donné (18) d'une surface — (axe vertical).
1re tangente. Tracez (fig. A) le parallèle 18,a b c du point (18), et menez
la tangente (18. t) au point (18) — Cette droite (18. t) est horizontale.
2e tangente. La section méridienne du point (18) est dans le plan
vertical (0.18.10) — Projetez cette section sur un plan vertical parallèle
au plan (0.18.10) (fig. A'), et menez-lui la tangente (18'.t') — Cette tangente va rencontrer le plan d'un des parallèles, de l'équateur, par exemple, en un point (40) qui sert à déterminer le point (40) — La
seconde tangente est la droite (18.40). On pourrait aussi se servir du
point où elle va rencontrer l'axe vertical — Le plan tangent est celui
des deux droites (18.18) et (18.40) — La figure (B) le présente isolé.
　　Constructions tout à fait analogues dans le cas où l'axe est hori-

zontal. (Exercices)

14. **Plan tangent par un point extérieur** (50). — Il y a évidemment une infinité de solutions, car un plan peut, sans cesser de passer par le point (50), rouler sur l'ellipsoïde de la figure (B). À chaque position du plan il répond un plan tangent, un point de contact et une tangente à la surface du corps. Cette tangente joint le point de contact au point donné. — Le lieu de toutes ces tangentes est une surface conique qu'on nomme cône tangent à la surface de l'ellipsoïde. Le lieu des points de contact des tangentes est la courbe de contact de ce cône. — Lorsque le point extérieur se trouve sur l'axe (fig. a), la courbe de contact est un parallèle que l'on obtient en menant par le point donné deux tangentes à l'ellipse de contour. — Deux surfaces qui ont ainsi de commun une courbe suivant laquelle tous les plans tangents à l'une sont tangents à l'autre, se raccordent, c'est-à-dire que l'on peut passer de l'une à l'autre sans ressaut.

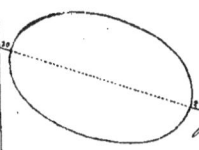

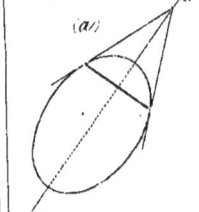

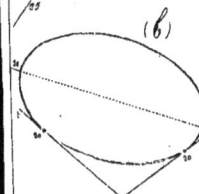

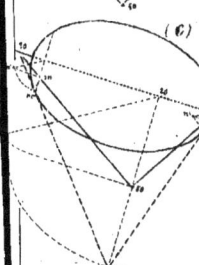

1° Points situés sur le contour de la surface. — Parmi tous les plans tangents qui répondent à la question, il en est deux qui sont verticaux et qu'on peut obtenir immédiatement, en menant deux tangentes (50.t) à l'ellipse de contour. — Les points de contact (120) de ces tangentes sont donc deux points de la courbe de contact. — Ils sont à la séparation de la partie vue et de la partie cachée de la courbe de contact. Celle-ci et l'ellipse de contour doivent se toucher en ces points.

2° Points situés dans le plan méridien du point donné. — Il suffit de rabattre le plan (50.20.20) autour de l'axe comme charnière, de mener les tangentes à l'ellipse méridienne rabattue, de relever les points de contact. — Désignons les points (m) et (n) qui sont les points les plus éloignés dans le sens de l'axe; de sorte que si l'on mène par ces points deux perpendiculaires à l'axe, on aura les deux limites entre lesquelles la courbe de contact sera comprise ; c'est-à-dire qu'elle sera tangente en (m.) et (n.) à ces droites limites.

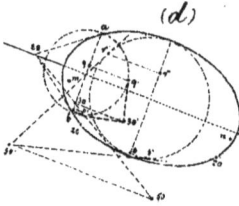

3º *Points situés sur un parallèle donné* — Le parallèle a b, compris entre les limites trouvées tout-à-l'heure — Ayez recours au cône (20. x b), dont le sommet est sur l'axe et qui est tangent à la surface suivant le parallèle a b ; tout plan tangent à ce cône sera tangent à l'ellipsoïde — Menez la droite (20. 50), et cherchez la cote (30) de son point de rencontre avec le plan du parallèle donné ; par ce point, menez deux tangentes au cercle du parallèle : les points de contact (p) et (q) appartiennent à la courbe cherchée — La figure (d) représente l'opération exécutée par rabattement.

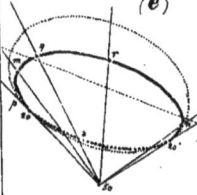

Dans le cas où le parallèle donné est l'équateur, le cône auxiliaire devient un cylindre, et la droite des deux sommets (20. 50) devient une parallèle (50. 50) à l'axe — Du reste, même construction — (γ. et δ.) les points de contact situés sur l'équateur.

Résultat définitif. La courbe (30. n. r. q. m. p. 30. b) directrice de la surface conique qui a son sommet au point (50). Cette surface enveloppe entièrement l'ellipsoïde..........

Application. Supposez que le point (50) soit la position de l'œil d'un observateur : la courbe de contact sera ce que l'on appelle le contour apparent du corps, ou bien la séparation de la partie vue et de la partie cachée pour cet observateur — Coupez le cône tangent par un plan vertical quelconque ; construisez la vraie grandeur de la section, et vous aurez la perspective du corps, moins les détails qui pourraient exister sur la surface — Ces détails se construisent séparément.

15. *Plan tangent parallèle à une droite donnée* — Encore une infinité de solutions, car un plan peut, sans cesser d'être parallèle à une droite fixe, dite de parallélisme, rouler sur la surface du corps. Il en résulte

alors un cylindre tangent à la surface du corps, suivant une courbe de contact.

1° *Points situés sur le contour de la surface.* — Ce sont les points de contact (15) des deux tangentes (15-6) menées à l'ellipse du contour, parallèlement à la droite de parallélisme (20.7) ... fig (a).

2° *Points situés dans le plan méridien* (15.15.2), parallèle à la droite (20.7) — On a recours aux rabattements ...... ce sont les points o (m) et (n) qui sont les points extrêmes de la courbe de contact ...

La fig (a) montre l'ensemble des constructions.

3° *Points situés sur un parallèle donné ab.* On a recours au cône tangent suivant ce parallèle ... les points (x) et (y) sont les points demandés ... fig (b) — La même figure indique la construction des points (z) et (t) situés sur l'équateur.

Résultat définitif (fig c). La courbe 15. y. t. n. 15. u. x. directrice de la surface cylindrique, parallèle à la droite (20.7) — Cette surface enveloppe entièrement l'ellipsoïde ...

Application. Supposez que la droite de parallélisme (20.7) représente la direction d'un système de rayons lumineux parallèles, et vous avez, par la courbe de contact du cylindre tangent, la ligne de séparation de la partie éclairée et de la partie ombrée, ou la ligne de séparation d'ombre et de lumière. fig (d)

Construisez la courbe d'intersection du cylindre de contact ou cylindre d'ombre avec le plan de projection, et vous aurez la limite de l'ombre portée par le corps sur ce plan ... fig (d)

Quant à la détermination des demi-teintes, on y arrive facilement et avec assez d'exactitude, en assimilant

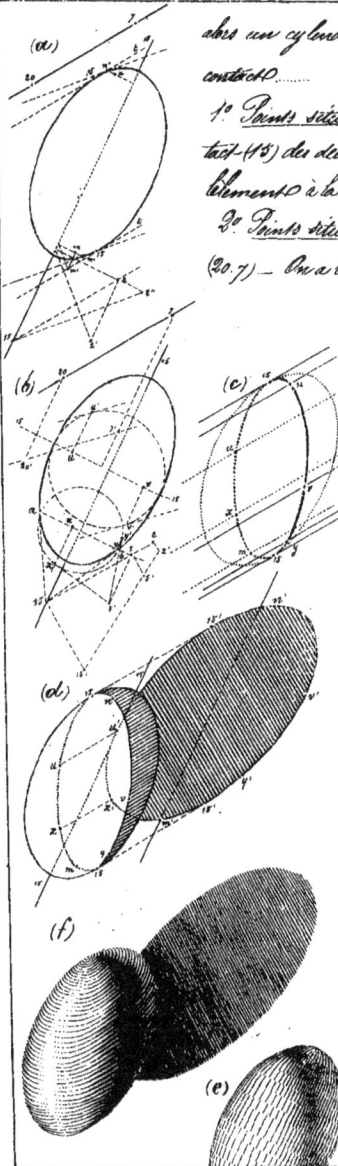

la surface de révolution à une suite de petits cônes tronqués ayant leurs
bases sur les parallèles de la surface (fig e), et en remarquant comment
la lumière se comporte sur chacun de ces cônes. L'effet total de l'ombre
et des demi-teintes est représenté par la figure (f)........

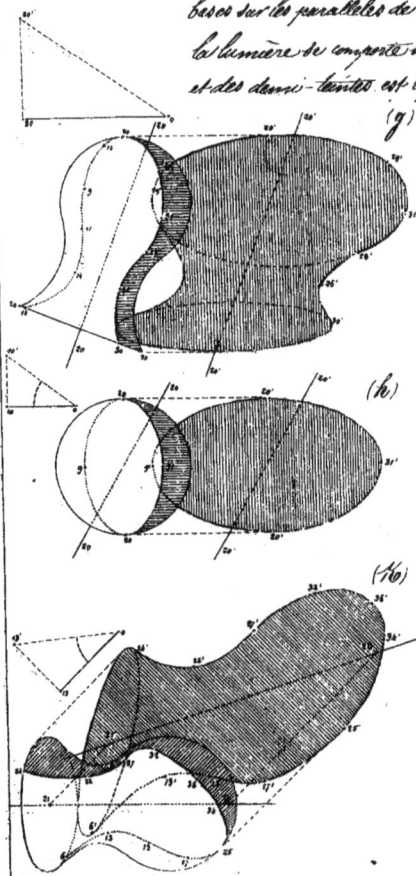

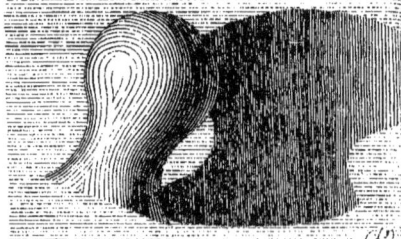

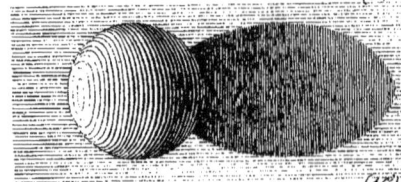

Fig (g). Autre exemple exécuté sur le bouton de culasse d'un canon.
Fig (h). Sphère. C'est celle qui termine le bouton de culasse.
Si l'on voulait avoir ces corps dans une position quelconque, il suffirait
de retenir le rayon de lumière, base, les parallèles et la courbe de contact qui

les rencontre, et de déterminer la nouvelle ombre portée par le corps après son changement de position — Voyez la figure (16).

Le contour des *hachures* sur les surfaces coniques, cylindriques, ou de révolution, éclairés par une lumière à rayons parallèles, n'est pas indifférent. Il convient, si l'on veut qu'elles accusent bien la forme de ces surfaces, de les tracer suivant une de leurs sections planes. C'est ainsi qu'on doit faire des hachures elliptiques, paraboliques ou hyperboliques, ou à peu près telles, sur le cône et sur le cylindre. Des génératrices rectilignes font bon effet sur le cylindre; sur le cône elles sont presque impraticables. C'est ainsi qu'on a fait des hachures elliptiques sur l'ellipsoïde, sur la sphère et sur le bouton de culasse (figures 9', h', 16')......

Dans la représentation des surfaces, des surfaces courbes surtout, le *croisement* des *hachures* est nécessaire, pour produire des effets qu'il est extrêmement difficile d'obtenir avec un seul système de lignes. La ressource qu'on a de grossir le trait, plus ou moins selon qu'on veut faire ressortir une séparation d'ombre et de lumière, ou une demi-teinte, est le plus souvent insuffisante. Le système de lignes des figures (9', h', 16') n'est en quelque sorte qu'un premier travail sur lequel on revient par des hachures croisées convenablement, pour faire ressortir le caractère particulier de la courbure de chaque surface. Les figures suivantes montrent quelques exemples d'un genre qui demande du goût et de l'étude.

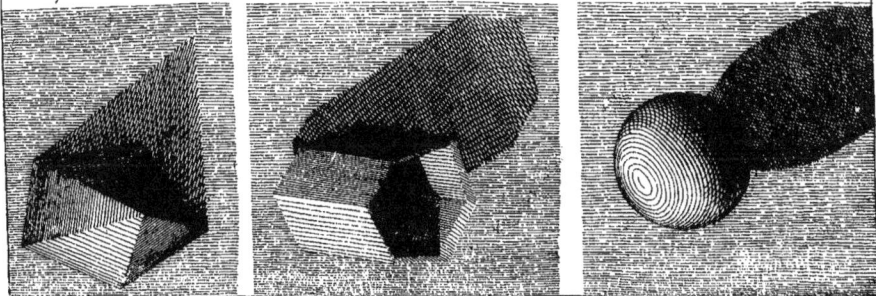

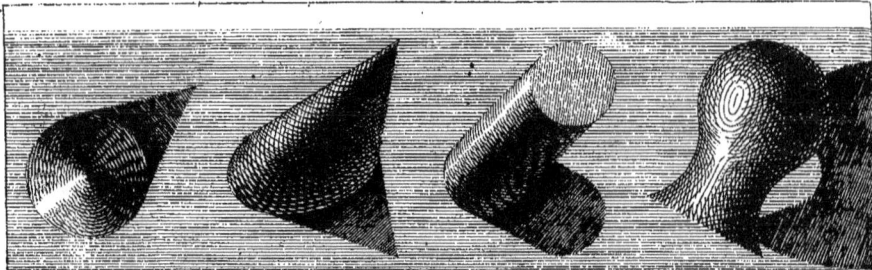

Le premier système de hachures, tracés sur une projection, répond à une teinte analogue à celles qu'on étend avec le pinceau dans le dessin au lavis. Un second système, croisé sur le premier, produit une seconde teinte dont l'effet se combine avec celui de la première. Un troisième système, croisé sur les deux premiers, produit une troisième teinte qui suffit ordinairement pour arriver à l'effet que l'on désire. Rarement on a besoin de recourir à une quatrième teinte. Les figures précédentes offrent des exemples de ces différents travaux ....

Dans les estampes gravées, les hachures sont produites par les tailles que les graveurs creusent dans le cuivre avec le burin ....

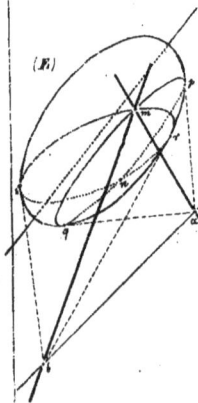

16. Plan tangent mené par une droite donnée — Deux plans peuvent toucher un ellipsoïde (E) et passer par une droite donnée ab — Ces plans sont nécessairement partie, 1° de ceux qu'on peut mener par le point a de la droite ab, et qui forment une surface conique tangente suivant la courbe m p q n; de sorte que les points de contact des deux plans cherchés doivent se trouver sur cette courbe de contact — 2° de ceux qu'on peut mener par un autre point quelconque b, et qui forment une autre surface conique tangente suivant la courbe m s n r, laquelle contient aussi les points de contact cherchés — Donc ces points sont

deux points de rencontre (m) et (n) de ces deux courbes. (Exercices).

On peut mener un plan tangent perpendiculaire à une droite donnée, ... &c.

Surfaces réglées.

17. Construire le lieu géométrique de toutes les positions que peut prendre une droite qui se meut sur deux autres droites fixes, en restant parallèle au plan de projection.

Données : les droites fixes (22.6) et (26.8) qui sont les directrices, et le plan de projection qui est le plan de parallélisme — La droite mobile est la génératrice.

Les droites (8.8) et (22.32) représentent deux positions de la génératrice — Divisez l'espace compris entre les deux points (8) et (32) sur chaque directrice, en un même nombre de parties égales, et joignez les points correspondants par des droites : vous aurez des droites parallèles au plan de projection et, par conséquent, des positions de la génératrice — L'assemblage de toutes ces positions forme un lieu géométrique qui porte le nom de surface réglée, c'est-à-dire, de surface engendrée par une droite, ou sur laquelle on peut appliquer une droite dans une infinité de positions, mais non à la manière de la surface plane — Le rapport dans la génération a fait aussi donner aux surfaces réglées le nom de plan gauche — La figure (a) représente une portion de plan gauche limitée par deux génératrices (8.8) et (22.32) — La courbe m n p tangente à toutes les génératrices, forme le contour horizontal de la surface. ......

Voici un autre exemple (fig. b) de ce genre de surfaces, exemple dans lequel le plan de parallélisme est quelconque.

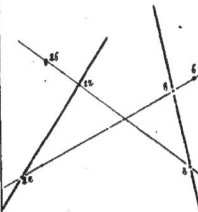

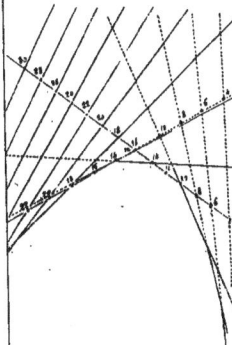

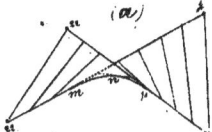

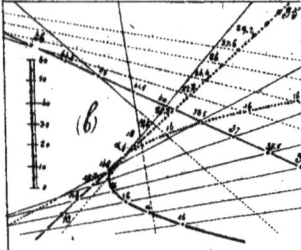

Fig (c). C'est la surface (c) représentée par une suite de sections horizontales et équidistantes. ces sections la définissent très-bien, et font image — Les deux arcs cotés 16 dans les figures (b) et (c) se correspondent. — Rien ne serait plus facile que de faire des élévations de cette surface (Exercices).

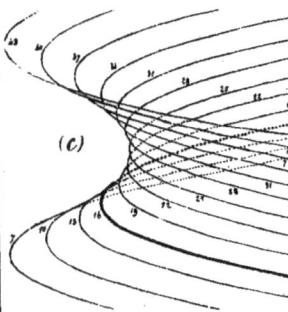

Les plans gauches ont des propriétés remarquables qu'on ne peuvent être exprimées ici. Ils ont, entre autres, celle de ne pouvoir être coupés par un plan que suivant une parabole ou une hyperbole. Les sections de la fig. (c) sont des paraboles. C'est à cause de cette propriété qu'on les appelle le plus ordinairement paraboloïde hyperbolique.

Les plans gauches sont des surfaces de raccordement que l'on rencontre assez fréquemment dans les charpentes des toitures, et dans la coupe des pierres.

18. _Construire le lieu géométrique de toutes les positions que peut prendre une droite qui se meut sur trois autres droites fixes._

Données Les trois droites fixes (12.23), (35.23), (0.40), ou (aa), (bb), (cc) qui sont les directrices de la génératrice (droite mobile)

Par la directrice (aa) et un point (23) de la directrice (bb), imaginez le plan (23.23.12) — Cherchez le point (18) où la directrice (cc) perce ce plan auxiliaire — La droite (23.18.12) est une des positions de la génératrice, car elle s'appuie sur les trois droites données. On peut, en répétant ces opérations, en obtenir autant d'autres qu'on voudra.

La figure (d) représente le lieu géométrique ou la nouvelle surface réglée qui est l'ensemble de toutes les positions de la généra-

trice.— La figure (d') représente une élévation de cette même surface.— Dans le plan (d), le contour horizontal est une hyperbole.— Dans l'élévation (d') le contour vertical est une ellipse.
Cette propriété, qui consiste à ne présenter pour contour qu'une
ellipse ou une hyperbole, est particulière à ce genre de surfaces. Elle leur a fait donner le nom d'hyperboloïdes-el-
liptiques.

Nous donnerons encore un exemple pris parmi les surfaces réglées. Il est indispensable dans la pratique des levers de
bâtiments et de machines.

Faisons remarquer, en passant, que les surfaces coniques et
cylindriques sont des surfaces réglées........

19. Construire le lieu géométrique de toutes les positions que peut prendre une droite qui se meut sur une hélice cylindrique, en restant
perpendiculaire à l'axe du cylindre.

1° Partie de la droite comprise entre l'axe (20.20) et l'hélice décrite
(abcdefghk m n o)...... Les points a, b, c, d,..., dont il est facile d'obtenir les cotes, s'avancent tous d'une même quantité dans le sens de l'axe.
Il ne reste qu'à abaisser des perpendiculaires à l'axe, pour avoir le lieu
de toutes les positions de la génératrice ax, lieu qu'on appelle surface
hélicoïdale droite, parce que sa directrice est une hélice, et que la génératrice est perpendiculaire à l'axe.— Qu'on suppose le plan de projection
vertical, et l'on reconnaîtra tout aussitôt, dans cette surface, celle du
dessous des escaliers.

On peut aussi la représenter par l'ensemble des hélices qu'engen-
drent les différents points de la génératrice dans son double mouvement de rotation autour de l'axe et de translation suivant l'axe
voyez la fig. (e).

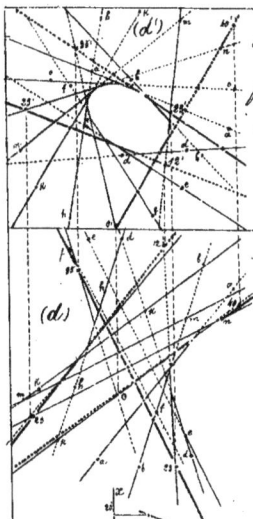

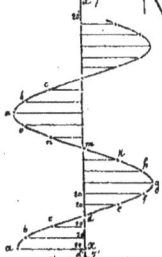

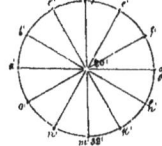

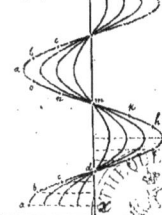

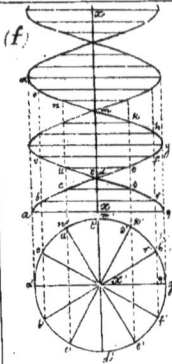

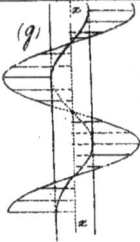

2°. Droite, non logée au de là de l'axe de l'hélice directrice.

Alors la surface à deux nappes qui se trouvent réunies ou soudées suivant l'axe xx (fig f). — Leur ensemble représente le dessous d'un escalier double. — La figure s'explique assez d'elle-même.

Qu'on suppose la génératrice indéfiniment prolongée dans ses deux sens, et l'on aura une surface hélicoïdale indéfiniment prolongée. —

Dans les escaliers construits dans le genre de cette surface, l'axe linéaire xx est remplacé souvent par un cylindre plein, d'un rayon plus ou moins grand, selon le but qu'on se propose. — Voyez la figure (g).

L'hélicoïde droit est un corps terminé par deux surfaces hélicoïdales droites, parallèles et de même axe; et par un cylindre droit aussi de même axe. — L'hélicoïde peut avoir une seule nappe, comme fig (h); ou deux nappes, comme fig (K). — Il peut être à une spire, comme dans les figures (h) et (K), ou à plusieurs spires. — Ses dimensions sont données par celles du rectangle abcd, et par le pas de l'une des hélices; ab, rayon de l'hélicoïde droit; ad, son épaisseur [*], aK sa hauteur.

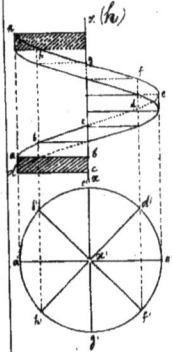

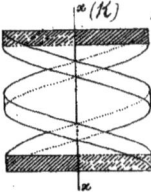

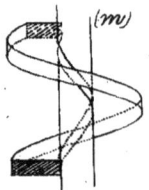

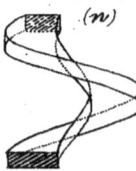

Lorsque l'axe est remplacé par un cylindre solide, on a un hélicoïde à noyau (fig m). — Lorsque ce cylindre est enlevé, on a un hélicoïde à jour (n). — On rencontre ces formes dans les escaliers à noyau et dans les escaliers à

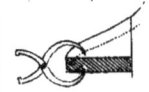

[*] C'est une convention, car il faudrait, à la rigueur, prendre cette dimension avec un compas courbe dit compas d'épaisseur. La plus petite ouverture du compas serait l'épaisseur du corps, d'après l'idée générale qu'on a du mot dimension.

jour, qui ne sont autre chose que des hélicoïdes en pierre, dans les-quels on a taillé des gradins ou des marches — Un escalier en pierre n'est donc qu'un hélicoïde à gradins plans (fig. o).

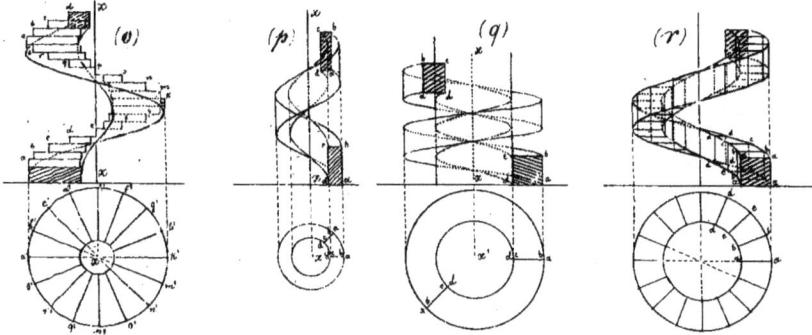

Les limons des escaliers à jour, en bois ou en pierre, sont aussi des hélicoïdes de la même espèce — Fig. (p).

Les filets de la vis en fer, dite vis carrée, sont des corps de la même es-pèce — Fig. (q).

Il est presque inutile de faire remarquer que l'on obtiendrait im-médiatement ces formes, en faisant mouvoir en hélice une figure plane ou profil (a. a. a. a.) — Fig. (r).

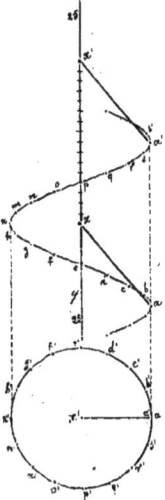

20. Construire le lieu géométrique de toutes les positions que peut prendre une droite qui se meut sur une hélice cylindrique en faisant toujours le même angle avec l'axe du cylindre.

1° Partie de la droite comprise entre l'axe (25.35) et l'hélice directrice (abcdef...) — aa et a'z' deux positions de la génératrice distantes d'une révolution — L'angle azy est l'angle constant que la génératrice fait avec l'axe. Les droites aa et a'z' sont parallèles, et les droites aa et a'z' sont égales entre elles — a, b, c, d, — points de l'hélice qui s'élèvent tous de la mê-me quantité d'un 16e du pas de l'hélice — Si la partie az de l'axe est

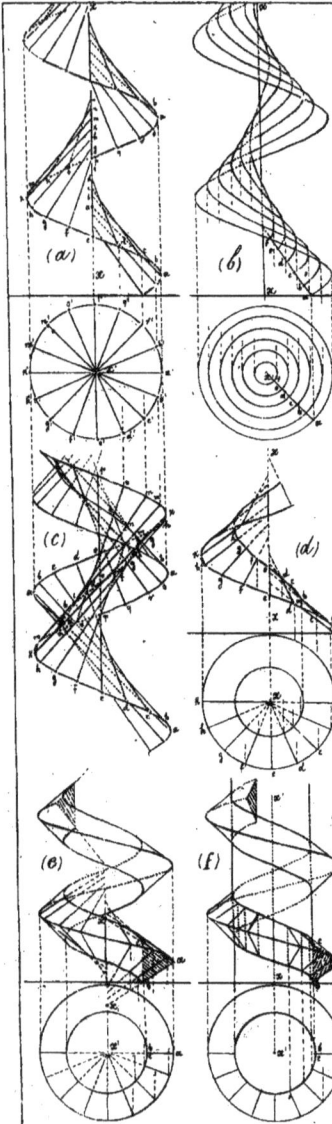

(a)

(b)

(c)

(d)

(e)

(f)

divisé en 16 parties égales, et si l'on joint deux à deux les points de division correspondants, on aura autant de positions différentes de la génératrice.

La fig (a) représente la surface réglée lieu géométrique de toutes ces positions. C'est une surface hélicoïdale oblique.

On pourrait aussi (fig b) la représenter par l'ensemble des hélices décrites par les différents points de la génératrice dans son mouvement en hélice.

2º *Droite mobile prolongée au-delà de l'axe de l'hélice directrice.* — Alors la surface hélicoïdale se compose de deux nappes, l'une montante et l'autre descendante, qui se rencontrent suivant une hélice dite arête de rebroussement. Les points de cette arête, proviennent des rencontres des génératrices, qui, après une demi-révolution, reviennent dans un même plan (fig c). — Les nappes sont limitées ou illimitées selon que la génératrice s'arrête à l'hélice directrice, ou qu'elle la dépasse.

On doit avoir reconnu déjà dans cette surface, la forme de celle qui termine les filets des grosses vis en bois des pressoirs, et de certaines vis en fer. La surface de la vis triangulaire, limitée entre deux cylindres droits de même axe, est une bande hélicoïdale (fig d). — Deux bandes hélicoïdales ayant même hélice directrice (fig e), et engendrées par deux droites az et ax, qui rencontrent l'axe sous le même angle, l'une en montant, l'autre en descendant, comprennent entre elles et le cylindre noyau le filet de la vis triangulaire. — On peut aussi, comme pour la vis carrée, faire mouvoir en hélice un profil générateur abc (fig f).

(g)

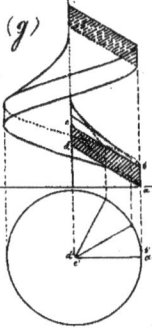

L'hélicoïde oblique est un corps terminé par deux surfaces hélicoïdales parallèles, obliques et de même axe, et par un cylindre droit, aussi de même axe. _fig. (g)_ — L'hélicoïde oblique peut présenter toutes les particularités qu'on a remarquées dans l'hélicoïde droit.

Le filet d'une vis triangulaire est aussi un hélicoïde, mais d'une espèce particulière.

On appelle _écrou_, un hélicoïde en creux, carré ou triangulaire, capable de recevoir le filet saillant d'une vis carrée ou triangulaire. _Fig (h)_ écrou d'une vis carrée. _Fig. (K)_ écrou d'une vis triangulaire. — Quant aux coupes horizontales et aux coupes verticales qui accompagnent ces figures, on les obtient immédiatement en traçant sur les surfaces des vis leurs génératrices rectilignes.

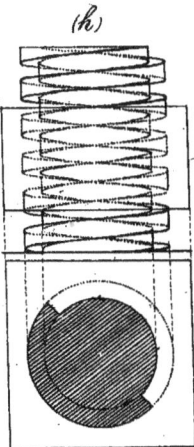

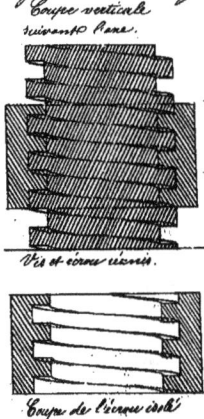

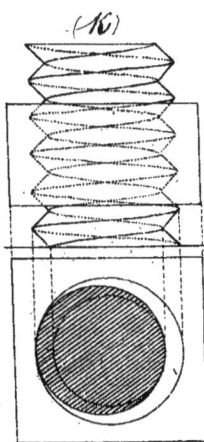

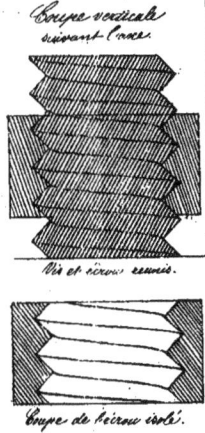

(h)

Coupe verticale suivant l'axe.

(K)

Coupe verticale suivant l'axe.

Vis et écrou réunis.

Vis et écrou réunis.

Coupe de l'écrou isolé.

Coupe de l'écrou isolé.

La vis est une machine simple qu'on emploie fréquemment. Si l'écrou est fixe, la vis produit l'effet qui résulte du mouvement qu'on lui imprime. — Si la vis est fixe (dans le sens de son axe), l'écrou se meut et transmet l'effet qui résulte du mouvement imprimé à la vis.

Surfaces non définissables.

Les surfaces définissables sont celles qui, comme les surfaces de révolution et les surfaces réglées, ont leurs points soumis à une même loi de formation et de représentation rigoureuse. Leur représentation et les diverses questions qu'on peut se proposer sur ces grandeurs, en ne faisant usage que d'un seul plan de projection et de côtes de distance, présentent assez de simplicité, comme on a pu s'en assurer par ce qui précède. Il n'en serait pas toujours ainsi, si l'on voulait traiter toute la géométrie descriptive de la même manière. Les côtes trop multipliées, dans un grand nombre de cas, conduiraient à des images et à des opérations confuses. On préfère donc recourir à la méthode des deux projections. Cette méthode est traitée avec beaucoup de détails dans un atlas qui a pour titre Notes et croquis de géométrie descriptive [*] on y trouve aussi de nombreuses applications.

On appelle surfaces non définissables, celles qui terminent des corps dont la formation est due, en général, aux actions simultanées de certaines lois physiques, au hasard, en quelque sorte. Ces surfaces, dont les points sont placés d'une manière tout-à-fait arbitraire les uns par rapport aux autres, ne sauraient donc être définies ni, par conséquent, représentées rigoureusement. Telles sont, par exemple, les formes du terrain, dont les éléments, soumis aux lois de la pesanteur, de l'aggrégation, de l'écoulement des eaux, ... s'unissent et se terminent suivant des surfaces qui ne sont pas susceptibles de définitions géométriques. Toutefois ces masses peuvent être représentées, sinon rigoureusement, comme le cône, le cylindre, la sphère, ... du moins avec une approximation qui n'a de bornes, pour ainsi dire, que la volonté

[*] A Metz, chez Thiel, libraire — A Paris, chez Mathias, libraire, quai Malaquais.

du dessinateur, et que la nature des instruments qu'il emploie. C'est aux formes du terrain, que la représentation à l'aide des côtes de distance s'applique avec tous ses avantages. C'est encore à certaines formes des arts de construction, et notamment à celles de la fortification, dont le relief est très-faible par rapport à son développement, qu'elle s'applique à l'exclusion de toute autre.........

21. _Un corps non définissable étant donné, le représenter approximativement._

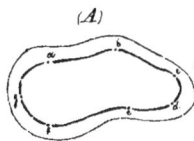

1° Par des sections horizontales équidistantes. Soit le caillou (A); placez-le sur un plan et fixez-le de position.... Disposez une tige verticale à pointe, qui puisse se mouvoir librement dans le sens horizontal, en faisant décrire à sa pointe une courbe horizontale quelconque.— Appliquez la pointe sur la surface du caillou (A), au point α par exemple, et fixez sa longueur.— Promenez cette pointe sur la surface: elle tracera, par son frottement doux, une courbe horizontale abcdc.....— Allongez la tige de 5 millimètres, par exemple; recommencez l'opération, et vous aurez une autre courbe horizontale a'b'c'd'c'..... ainsi de suite.— Côtez ces différentes courbes (fig. B) et la surface se trouvera décomposée en zones courbes, dont l'ensemble la représentera avec d'autant plus d'exactitude, que leur nombre sera plus grand.— L'exactitude n'a donc d'autres bornes que la possibilité de tracer plus ou moins de courbes.— Pour plus de simplicité, on a supprimé la partie cachée du corps.

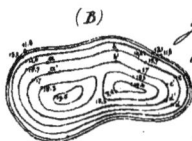

Rien de plus simple que d'avoir, par le calcul ou graphiquement, la côte d'un point z dont la projection se trouve entre deux courbes consécutives........

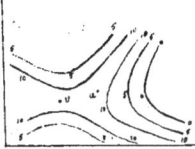

Certains points, tels que y, z, v (fig. c et d) situés entre des courbes dont les courbures sont opposées, présentent un peu d'incertitude dans dans leur détermination. Cet inconvénient est inévitable. Au reste, l'incertitude est toujours comprise entre des limites assez resserrées......

2° À l'aide de sections verticales. À la place de la tige précédente, imaginez-en une autre qui puisse se mouvoir dans un plan vertical, tout en s'allongeant ou se raccourcissant à volonté. Appliquez sa pointe sur la surface du corps (A) (vu en plan), et faites-la mouvoir : la pointe tracera une courbe $abcde$ (fig.) que l'élévation (A') montre dans sa vraie grandeur $a'b'c'd'e'$. Éloignez ou avancez le plan du mouvement, et tracez une nouvelle courbe. &c. L'ensemble de ces courbes, qui sont autant de profils verticaux, représentera la surface du corps. On a supprimé aussi les parties cachées......

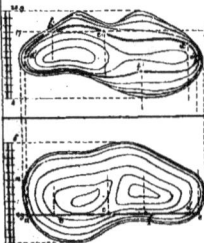

Presque toujours, les plans des courbes, horizontaux ou verticaux, sont équidistants entre eux.

3° On pourrait faire des sections parallèles, mais quelconques. Ce moyen, trop compliqué, n'est pas usité.

Application. Substituez au caillou (A) un terrain de forme très variée. Tracez sur sa surface, à l'aide d'un instrument qu'on nomme niveau, une suite de courbes de niveau ou horizontales, et équidistantes entre elles. Levez ces courbes avec la planchette, le graphomètre ou la boussole, et le mètre ou ses multiples,[*] et construisez-les sur le papier suivant un rapport déterminé qu'on nomme échelle. L'ensemble de ces courbes, convenablement rapprochées, définit complètement les plus petits détails des formes ondulées du terrain. Et comme le terrain n'a jamais de parties qui se recouvrent, tout y est vu. Les détails cachés, comme excavations, conduits souterrains..., sont considérés séparément, et dessinés à plus grande échelle......

Le dessin (A), page 105, représente une certaine étendue de terrain, à l'échelle du cinq-millième (0.001 pour 5m)

[*] Quadruple mètre et décamètre ou chaîne métrique.

Plan d'un terrain représenté par une suite de sections horizontales, et équidistantes de 5ᵐ 00.

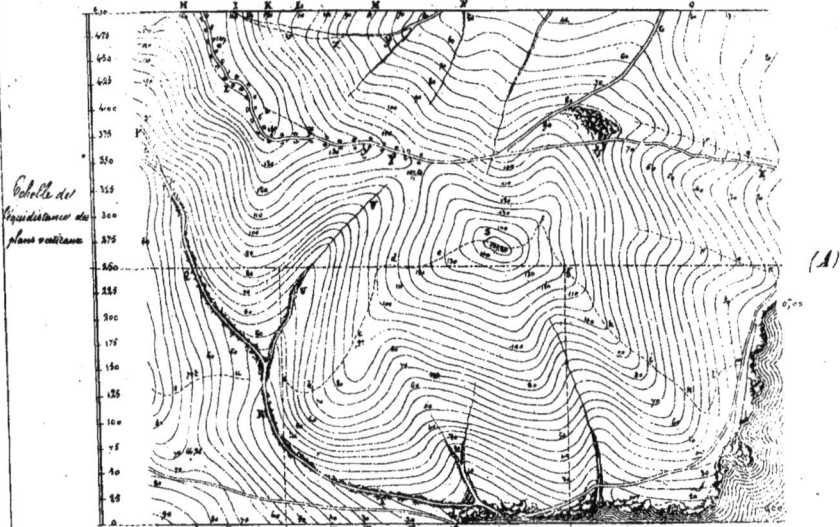

Échelle des équidistances des plans verticaux

(A)

Représentation par une suite de sections verticales, et équidistantes de 25ᵐ 00.

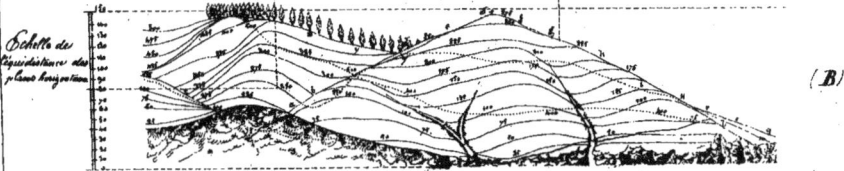

Échelle des équidistances des plans horizontaux

(B)

Le plan de comparaison est pris au niveau de l'eau qui baigne une des limites de ce terrain — Le point culminant S est élevé de 187ᵐ 20. Les courbes horizontales sont équidistantes de 5ᵐ. On distingue tout d'abord sur le terrain 1°. le petit vallon dans lequel coule le ruisseau encaissé PQRT, celui de son affluent VU, et quelques autres filets d'eau. 2°. la route XYZ, qui s'élève par une pente assez douce du point le plus bas jusqu'au petit plateau situé à 187ᵐ de hauteur; elle est plantée d'arbres dans la partie VZ. 3°. les roches qui soutiennent les terres du côté de l'eau, et celles qui se rencontrent éparses sur le terrain.

Comme on a pour objet unique ici de montrer la forme du terrain, on a dû la dégager de tous les détails que la topographie étudie et représente avec soin.

Au lieu des courbes horizontales de la figure (A), supposez sur la surface de ce terrain des courbes *verticales*, si l'on peut s'exprimer ainsi, provenant de profils verticaux et équidistants que le niveau permet d'exécuter. Supposez ces courbes tracées et dessinées au 5000ème, et vous aurez la représentation que donne la fig. (B). Ce moyen, qui n'est ni impraticable sur le terrain, ni tout-à-fait défectueux comme représentation, n'a pas la propriété de montrer tout à la fois. Le plus souvent, au contraire, il y a des parties que se superposent les unes aux autres, et par suite, des parties cachées qu'on ne peut espérer conserver sans confusion par le secours des lignes ponctuées. Si, à la rigueur, la partie cachée XY du chemin XYZ peut être conservée; il n'en est plus ainsi si du ruisseau PQRT et du vallon dans lequel il coule — Cet exemple suffit pour faire ressortir l'inconvénient qu'on vient de signaler — Au reste, ce moyen de représentation ne peut s'appliquer qu'à un terrain de peu d'étendue.

Le dessin (B) a été déduit du plan coté (A) ainsi qu'on le verra tout-à-l'heure. Le *contour vertical* a b c d e f g h i k de la montagne principale, sur laquelle se trouve le signal S, est le résultat du tracé graphique; ce contour est une courbe tangente à toutes les courbes verticales. La montagne S, qui est vue presque entièrement, cache le terrain que la partie XY du chemin XYZ parcourt. La partie YZ sur le contour xyz, et est vue comme lui — Un autre contour stu cache la partie PQ du ruisseau PQRT .....

Tout le terrain est compris entre deux plans verticaux ABCDEF et HIKLMNO parallèles, à la distance de 500^m — Le premier donne la courbe cotée zéro, et le second la courbe cotée 500 — Entre eux se trouvent les au-

des courbes équidistantes entre elles, et des deux plans extrêmes. De sorte
que l'équidistance entre ces plans est de 25^m. Ces côtes expriment des
profondeurs, comme celles du plan (A) expriment des hauteurs.

On peut trouver la profondeur d'un point tout aussi facilement qu'on
a su trouver sa hauteur, sa projection étant donnée entre deux courbes
consécutives ....

On remarquera que si les courbes horizontales du dessin (A), peuvent
être fermées, comme cela a lieu vers le sommet de la montagne S, à partir de la courbe (110), il n'en est plus de même pour les courbes verticales
du dessin (B) qui sont nécessairement ouvertes ....

Le plan côté (A) est un dessin de construction, une véritable épure;
car on peut s'en servir pour exécuter en relief, c'est-à-dire, pour
modeler en cire ou en terre le terrain donné. L'élévation cotée (B)
qui ne représente que les parties vues, ne pourrait pas servir au même
objet ....

Dans le plan (A), le relief se compose de couches horizontales de un
millimètre d'épaisseur, juxtaposées les unes sur les autres, dans l'élévation (B), il se compose de couches verticales, de cinq millimètres d'épaisseur,
juxtaposées les unes derrière les autres. Le plan antérieur ou celui de la courbe verticale cotée zéro, montre la nature de la masse
coupée, qui pourrait être homogène ou composée de couches de natures différentes et superposées. Le plan postérieur, ou celui de
la courbe côté 500, est en partie ou en partie caché ....

Les différentes couches qui constituent la nature intérieure du terrain s'indiquent beaucoup mieux en plan qu'en élévation. Ainsi aussi, dans les projets de fortification, on se donne non seulement la
forme extérieure du terrain par des sections horizontales, mais encore
sa nature à différentes profondeurs à l'aide de courbes tracées avec des
encres de couleur. Ainsi une couche d'argile serait déterminée par des

courbes bleues, une couche de roches par une courbe rouge.

22. En terrain nivelé et coté étant donné, en faire une élévation sur un plan vertical donné.

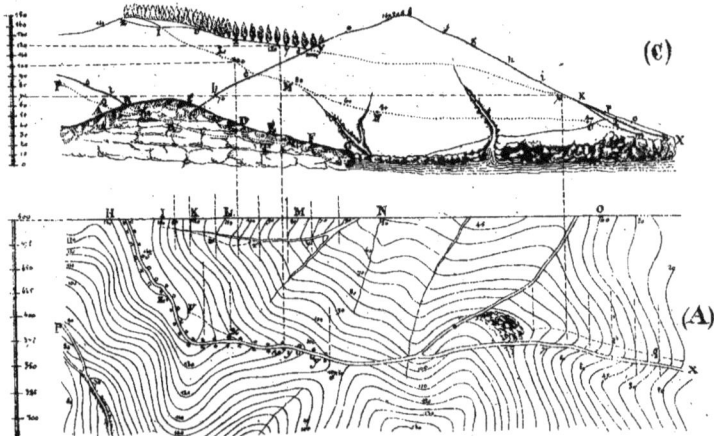

(C)

(A)

La projection cotée (A) est donnée, et c'est sur un plan parallèle au plan vertical HIKL qu'on se propose de faire l'élévation deman=
dée, laquelle consiste 1°, dans la construction du contour vertical
de chacune des parties de la surface du terrain ; 2° dans la déter=
mination des détails, tels que routes, ruisseaux qui sont sur cette
surface.

Contours verticaux. — Après avoir tracé l'échelle de l'équidistance des
plans horizontaux, menez perpendiculairement à la trace du
plan vertical HO, les tangentes aux courbes horizontales, partout où
cela est possible ; marquez les points de contact, reportez ces points en
élévation à l'aide de l'échelle d'équidistance, et joignez-les en plan
et en élévation par une courbe continue. Toutes les courbes ainsi obtenues, sont autant de contours, dont l'ensemble limite le ter-

...rain dans le sens vertical. — On voit sur le plan (A) la courbe v x y qui
provient des tangentes menées aux courbes (120), (130) et (140). Ce
contour en cache un autre v'x'y', qui répond à la partie ascendante que
forment les extrémités des courbes (90), (100), (110), (120), (130) et (140). —
C'est de la même manière qu'on a déterminé le contour a b c d e m
de la montagne S, et les petits contours s t u, n o p et q r. —

    Détails. Quant aux ruisseaux, routes, rochers, ... rien de
plus facile, après ce qui précède, que de les mettre en élévation.
Tous ces détails produisent l'élévation (C) qui est limitée comme
celle du dessin (B). — Seulement le plan extérieur désigne un
terrain composé de différents bancs de roches. — C'est ainsi que
les géologues ont recours aux coupes pour représenter les diverses
formations, que l'intérieur de la terre renferme. —

    On peut varier à volonté les vues géométriques d'un mê-
me terrain, et le faire voir dans toutes ses faces. (Exercices)

    93. Un terrain nivelé et coté étant donné, le couper par
un plan.

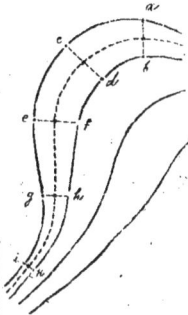

    1° *Coupe horizontale.* — On conçoit qu'il ne peut être question
que d'un plan coupant compris entre deux sections horizontales
consécutives. — Cette intercalation d'une courbe horizontale entre deux
autres données, à laquelle on a assez souvent besoin de recourir dans
le tracé des lignes de plus grande pente, est une opération très-sim-
ple. Soient les deux courbes a c e g i et b d f h k : menez-leur, de distance en distance, des normales communes, a b, c d, e f, g h,
i k ; marquez leurs points milieu m, n, o, p, q, ... et joignez-les par
une courbe continue m n o p q. — Cette courbe diffère très-peu de
celle qu'on aurait pu construire directement sur le terrain. —
Cette opération est basée sur ce qu'on peut, sans erreur sensible, regar-

des comme uniforme la pente du terrain suivant une perpen=
diculaire commune à deux courbes consécutives ....

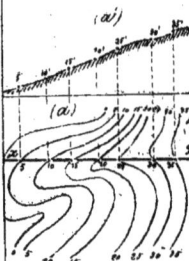

2º *Coupe verticale*. Rien de plus simple. Voyez le plan (a),
et l'élévation (a'), qui montre dans sa vraie grandeur la section
faite par le plan vertical x y — Voyez, de plus, les figures (A) et (B) de la
page 108. La figure (B) a été déduite de la projection côtée (A) par
une suite de sections verticales équidistantes — La construction est
indiquée pour le plan (250) — Les coupes verticales serviront à déterminer la forme du terrain, dans le sens vertical, suivant une
direction quelconque ....

3º *Coupe oblique*, par le plan donné (P). Tracez sur le plan (P)
les horizontales de même côte que que celles qui définissent la surface du terrain. Marquez les points de rencontre des horizontales
(droites et courbes) de même côte, et joignez-les par une courbe continue
a b c d e. Cette courbe est la section demandée.

Application. — Dans certains travaux de construction, par exemple, dans des remuements de terre (déblais ou remblais), on se
trouve à considérer des parties de terrain enlevées par des plans
et limitées par d'autres plans.

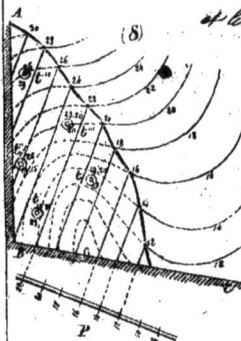

La figure ci à côté représente une surface courbe (S) rencontrée
par un talus (P) au-dessus duquel les terres sont enlevées, dans
l'étendue limitée par les deux murs verticaux A B et B C. Il
serait facile, avec les données de la figure, de calculer le vo=
lume enlevé.

Souvent on laisse, dans l'excavation des terres, de petites masses coniques tronquées qui reposent par leur base inférieure sur le plan coupant P, et dont la base supérieure appartient
à la surface primitive du terrain. Ces témoins t, t', t'', t'''
c'est ainsi qu'on les appelle, serviront pour établir un calcul

représentatif du *déblai* compris entre le plan coupant et la surface dont la forme est conservée par les témoins b, b', b'', b'''...

24. *Deux surfaces courbes étant données, trouver leur courbe de rencontre.*

Cette courbe $(0.5.10.15.20.25.30.....)$ se trouve immédiatement par la considération des sections horizontales de même côte. Ces courbes, situées deux à deux dans un même plan, se rencontrent en des points qui appartiennent aux deux surfaces... (*Voyez la figure.*)

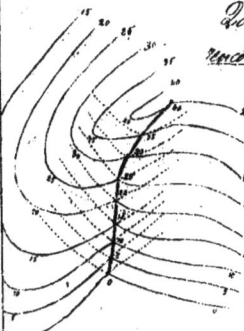

25. *Une surface étant donnée par ses courbes horizontales, la représenter par l'ensemble des lignes de plus grande pente interceptées par ces courbes.*

Ce mode de représentation est très-usité. Il est essentiel de remarquer qu'il n'a de valeur, comme description géométrique, que celle qu'il tire des horizontales sur lesquelles les lignes de plus grande pente s'appuient. Alors ne vaudrait-il pas mieux s'en tenir aux horizontales ?...

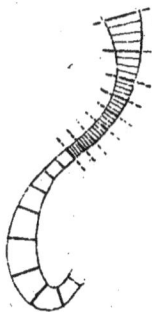

On a déjà dit que l'écartement des lignes de plus grande pente doit varier avec leur longueur, afin qu'elles produisent un effet qui soit jusqu'à un certain point en rapport avec la rapidité, plus ou moins grande des pentes sur lesquelles on les suppose tracées. Par mi les moyens en usage, il en est un fort simple : il consiste à former dans chaque zône une suite de carrés consécutifs, et à inscrire trois lignes de pente dans chacun d'eux. L'écartement des lignes de pente dépendra alors de la grandeur des carrés, qui dépend elle-même de l'écartement des courbes.

Ce n'est pas ici le lieu d'examiner les difficultés qui tiennent

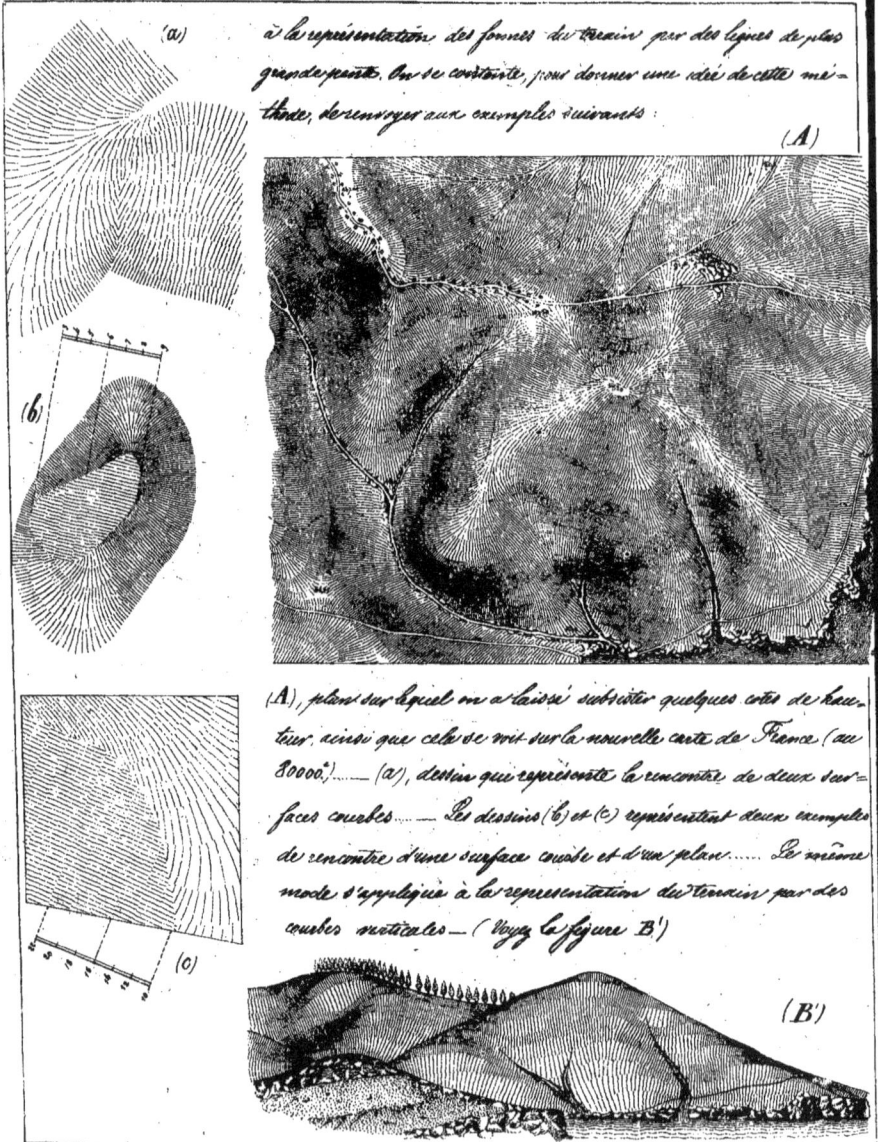

(a)

à la représentation des formes du terrain par des lignes de plus
grande pente. On se contente, pour donner une idée de cette méthode, de renvoyer aux exemples suivants :

(A)

(b)

(c)

(A), plan sur lequel on a laissé subsister quelques côtes de hauteur, ainsi que cela se voit sur la nouvelle carte de France (au
80000ᵉ). — (a), dessin qui représente la rencontre de deux surfaces courbes. — Les dessins (b) et (c) représentent deux exemples
de rencontre d'une surface courbe et d'un plan. — Le même
mode s'applique à la représentation du terrain par des
courbes verticales. — (Voyez la figure B')

(B')

Les lignes de plus grande pente sont remplacées par des _lignes de plus grande inclinaison_ sur le plan vertical de l'élévation. L'effet produit par ces lignes est l'inverse de celui que présente le plan (A). Cela doit être, car ce sont les pentes les plus douces qui sont les plus _inclinées_ sur le plan vertical. Tout, sur le plan (A), se rapporte au plan horizontal, tandis que tout, dans l'élévation C, se rapporte au plan vertical. — Si l'on voulait mettre en projection verticale les lignes de pente du plan (A), et les conserver, ce rapport n'existerait plus. D'ailleurs, les ruisseaux (B, page 105) qui, en ont descendre suivant des lignes de plus grande pente, donnent une idée du résultat auquel conduirait cette opération.........

Enfin, comme objet de comparaison, la figure ci-dessous (C') donne l'élévation, ou plutôt la vue (C, page   ) dessinée à l'effet avec les moyens ordinaires du _dessin d'imitation_. Déjà, dans le dessin (C), on avait eu recours au _trait teinté_ pour produire un peu d'effet perspectif. Le _trait teinté_ consiste à tenir compte de l'éloignement des objets, dans la gradation de la grosseur du trait des contours. Ce moyen, fort simple d'ailleurs, produit beaucoup d'effet dans le _dessin au trait_.

On complète l'effet par des moyens de convention qui suppléent jusqu'à un certain point à l'absence de l'ombre et de la couleur. On convient 1° de mettre un _trait de force_ sur les faces qui ne sont pas éclairées; 2° d'admettre que tous les corps représentés en plan sont éclairés par des rayons lumineux parallèles venant de gauche à droite et se décrire

au devant du dessinateur — Cela étant, on reconnaît immédiatement à la simple vue d'un plan côté, les faces qui reçoivent la lumière, et celles qui ne la reçoivent pas — Exemples :

Soit le cylindre vertical (A); les faces ab et bc sont celles qui doivent recevoir le trait de force — dans le cylindre vertical (B), c'est le
le demi cercle abc qui doit être tracé fort......

Le contraire a lieu dans les formes en creux — Voyez l'épreuve
et le cylindre creux abcd des figures (c).

D'où il résulte qu'à la manière dont les lignes fortes et les lignes fines
d'un dessin sont disposées, on reconnaît si une partie est en relief ou
en creux par rapport à une autre.

On fait continuellement usage de ce moyen conventionnel dans les
dessins de bâtiments et de machines, dans les plans, dans les élévations
et dans les coupes. Elles s'élèvent au dessin comme on dit en terme
d'art — Exemples divers — Fig. (C), (D), (E), pavillon d'habitation.

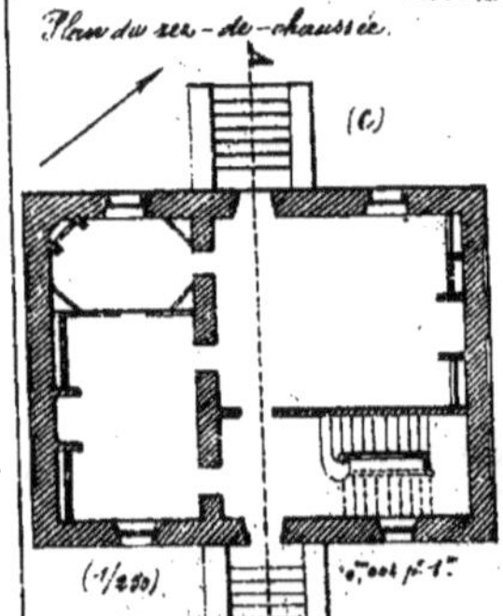

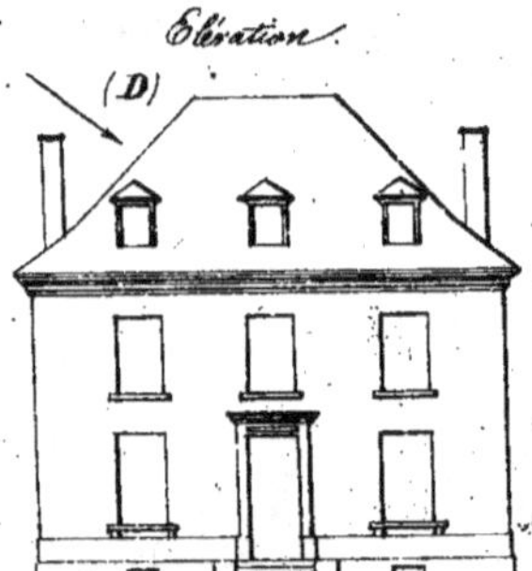

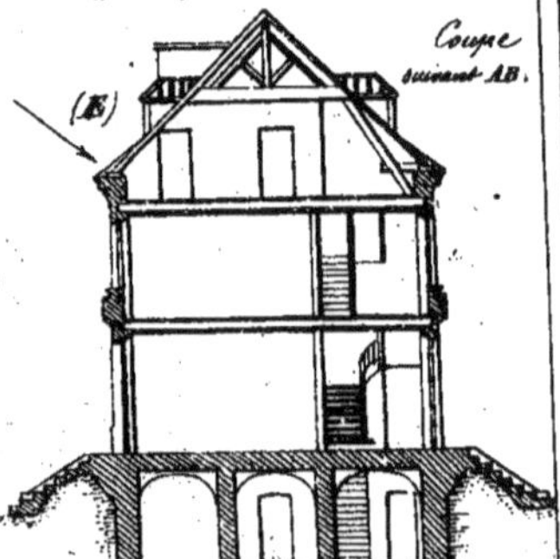

(A) (B)

Élévation.   Ligne de terre.

(C) (C)

Plan.

Plan du rez-de-chaussée.

(C)

Élévation.

(D)

Coupe
suivant AB.

(E)

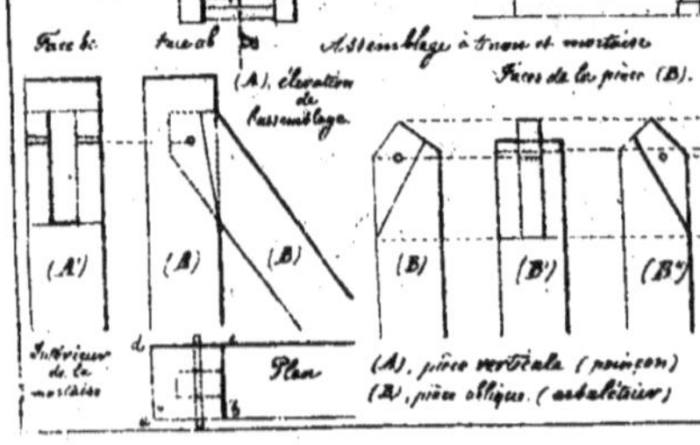

(-1/250).

Face b.   Face ab.

Assemblage à tenon et mortaise.

(A), Élévation
de
l'assemblage.

Faces de la pièce (B).

Élévation perspective d'une table en bois.

(A')   (A)   (B)

(B')   (B')   (B')   (B'')

Intérieur
de la
mortaise.

Plan.

(A), pièce verticale (poinçon)
(B), pièce oblique (arbalétrier)

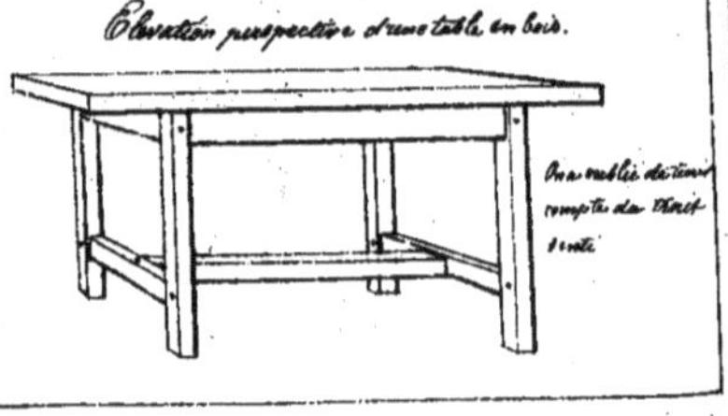

(B), (B)′ (B)″, (B)‴, faces de la pièce (B) — Elles sont le résultat de trois rabattements successifs exécutés autour d'une arête supposée parallèle au plan de projection — De ces quatre projections, trois suffisent (B), (B)′ et (B)″ pour définir complètement le tenon — Avec ces données, et celles des figures (A) et (A′), on peut exécuter séparément le tenon et la mortaise, et former avec les deux parties le relief de l'assemblage (A), (B).

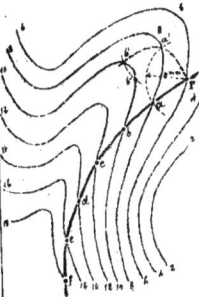

26. *Le plan coté d'un terrain étant donné, tracer sur sa surface une hélice qui parte d'un point donné.*

L'hélice, on le sait, est une courbe dont l'élément a une inclinaison constante sur le plan de projection, et soit par exemple — Soit P le point de départ, pris sur la courbe (6). Il faut arriver de la courbe (5) à la courbe (8) suivant une ligne inclinée à ¹/₁. Il suffit donc de choisir un point d'arrivée a tel, que la distance horizontale Pa soit de 8 millimètres ; puis un point b tel que ab soit encore de 8 millim... et ainsi de suite — La courbe continue Pabcd — qui unit tous ces points est une *hélice à base quelconque* ; en effet, que l'on développe le cylindre vertical dont la projection Pabcd est la base, et la courbe en relief se transformera en une droite — Si rien n'impose la condition d'éviter les points de rebroussement, et si rien n'indique le sens dans lequel la courbe doit se diriger, la question est susceptible d'une infinité de solutions. Car on peut, d'un même point (P) faire partir deux hélices de même inclinaison, et l'on peut en faire autant aux points d'arrivée sur chaque courbe horizontale. Il faut, au reste, pour que la courbe ne cesse pas au bout d'une certaine étendue, que l'ouverture du compas ab, bc... ne soit pas moindre que la plus courte distance de deux courbes — Au reste, ce tracé ne donne qu'un résultat approché, puisque la représentation de la surface n'est elle-même qu'un résultat approché.

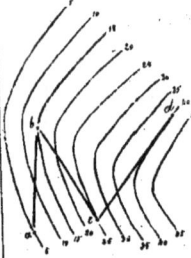

Le tracé des routes, des canaux d'irrigation, ... est une conséquence immédiate de la solution de la question précédente. Le plus souvent, les hélices des routes ne sont pas à pente constante ; seulement elles ont une limite supérieure $(20^0/_0)$ qu'elles ne dépassent pas. Les canaux d'irrigation ont, en général, une pente constante ....

Dans les pentes rapides, on peut être obligé de recourir à des changements de direction qu'on nomme des lacets ... abcd est une route à lacets dont les côtés ab et bc sont à $(20^0/_0)$; le dernier côté à $(25^0/_0)$.

27. _Le plan coté d'un terrain étant donné, lui mener un plan tangent._

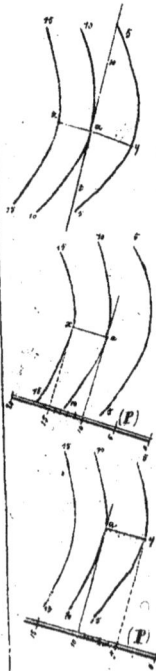

1° _Plan tangent par un point donné sur la surface_ — Il ne faut pas oublier que les points du terrain, compris entre deux courbes consécutives, ne sont soumis à aucune loi, en un mot, que la représentation de la surface n'est qu'approchée. D'où il suit qu'on ne peut résoudre qu'approximativement toutes les questions qu'on peut se proposer sur ces surfaces. Si, sur le cône, le cylindre et les corps de révolution, les solutions ont été rigoureuses, c'est que les surfaces de ces corps sont susceptibles d'une définition géométrique.

Le point donné peut se trouver sur une courbe ou entre deux courbes ... 1° soit le point (a) sur la courbe (10) : le plan tangent contiendra la tangente at à cette courbe, et la tangente à une autre section faite par le point (a), par exemple, à la section verticale perpendiculaire à la droite at — On peut substituer à cette section la normale à la courbe (10), avec laquelle la section et, par suite, la tangente ont un petit élément commun. Mais prendra-t-on la normale ax, ou la normale ay, ou le point (a) appartient aussi bien à une zone qu'à l'autre ? De là, incertitude et défaut de rigueur. De là, deux plans tangents, et, bien plus, une infinité de plans tangents,

car la pente de la normale change avec le nombre des courbes auxi-
liaires que l'on peut tracer entre les courbes (10) et (15), ou (10) et (5).
On a le plan (P) ou le plan (P') ou tel autre plan qu'on voudra, par
l'interpolation de une ou de plusieurs courbes. — Si les courbes étaient
infiniment rapprochées, il n'y aurait qu'une solution. ......

2° Soit le point (B) situé entre deux courbes. — on intercale
la courbe (4, 80), qui est la cote supposée du point (B), et l'on se re-
trouve dans le cas précédent. ......

En définitive, dans les applications, on tire parti de l'indétermi-
nation du plan tangent, pour choisir celui qui répond le mieux
à l'objet qu'on a en vue. On en verra des exemples dans les projets
de la fortification. ....

Remarque. Il est essentiel de faire remarquer que le plan
tangent peut prendre plusieurs positions différentes par rapport à
la surface, autour du point de contact, selon la forme de cette surface
autour de ce point.

En un point donné, la surface peut présenter trois formes tran-
chées : — 1° La forme (A), convexe dans tous les sens. C'est ce qui a
lieu, lorsque les courbes voisines du lieu de contact sont toutes con-
vexes, et que leur écartement ne diminue pas en s'élevant, ou
n'augmente pas en descendant. Dans ce cas là le plan tangent
(P) laisse tout le terrain au-dessous de lui, autour de l'élément de
contact. A distance de cet élément, il est possible qu'il aille au par
le terrain — 2° La forme (B), concave dans tous les sens. C'est ce qui
a lieu, lorsque les courbes voisines du lieu de contact sont toutes con-
caves dans le même sens, et que l'écartement des courbes n'augmente
pas en montant, ou ne diminue pas en descendant. Dans ce cas
là, le plan tangent (P) laisse tout le terrain au-dessus de lui, autour de l'élément de contact. — 3° La forme (C), en partie convexe

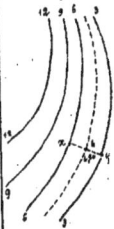

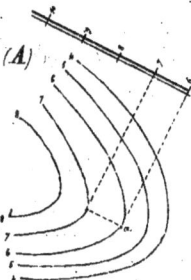

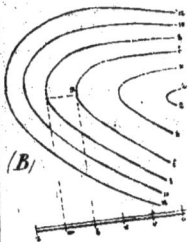

(C)

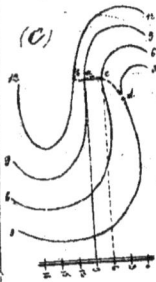

et en partie concave ; c'est ce qui a lieu lorsque les courbes sont infléchies toutes dans le même sens, de sorte que le terrain est lui-même infléchi suivant la ligne bacd qui joint les points les points d'inflexion des courbes. Dans ce cas là, le plan tangent est d'un côté supérieur au terrain, tandis que de l'autre, il lui est inférieur. On peut concevoir d'autres formes à inflexion. Leur examen nous mènerait trop loin. Ce qui précède suffit pour montrer que le contact du plan sur les surfaces des terrain a des particularités qu'il faut connaître. On en aurait trouvé d'analogues dans les plans tangents aux surfaces réglées, autres que celles du cône et du cylindre, si cette étude avait été faite à la suite de la représentation de ces surfaces ……

2º Plan tangent par un point extérieur.

Il y a, en général, une infinité de plans tangents possibles. L'ensemble de leurs points de contact forme une courbe qui est la directrice d'une surface conique tangente au terrain. De sorte 1º que toute génératrice de cette surface est une tangente au terrain menée par le point donné ; 2º que tout plan tangent à cette surface est tangent au terrain — Il faut trouver cette courbe de contact. Parmi les moyens qu'on peut employer, celui des sections planes est assez simple, si l'on a soin de choisir un système de plans faciles à représenter, et dont l'intersection avec la surface des terrain soit facile à construire — On choisit un système de plans passant tous par une horizontale menée par le point donné (120), et qui ont des échelles de pente parallèles — Les plans (P), (P'), (P'') seraient trois de ces plans — Chacun d'eux donne une section à laquelle on peut mener une ou plusieurs tangentes par le point (120). Ces tangentes seront des génératrices de la surface conique tangente, et les points de contact seront autant de points de la courbe de contact de cette sur-

face... Aux plans coupants qui passent par l'horizontale (120) on substitue quelquefois des plans verticaux...

Exemple.

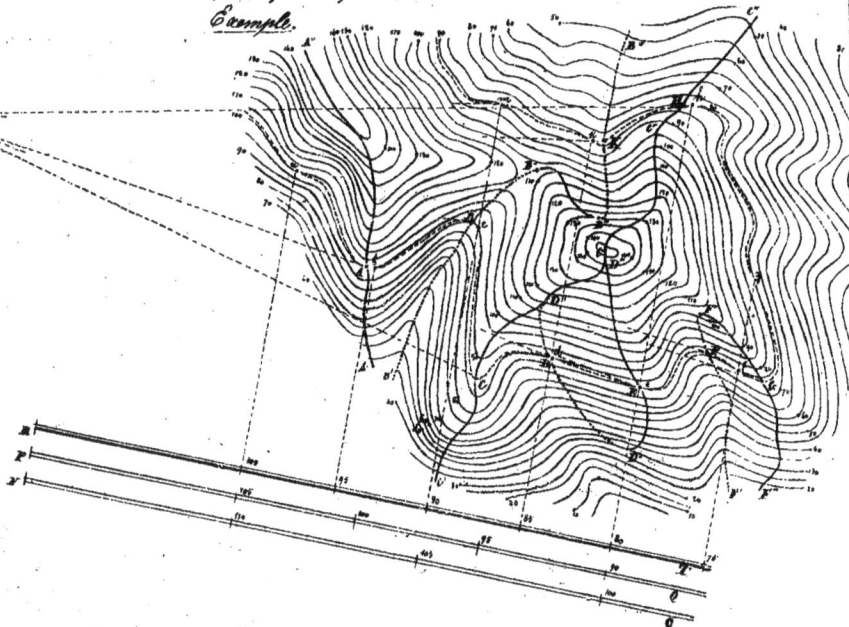

On met sur cette figure trois des plans coupants auxquels on a eu recours pour obtenir le résultat demandé... Ce sont les plans NO, PQ et
RT qui passent par l'horizontale du point donné (120)... D'un lieu, le
plan RT coupe la surface du terrain suivant la courbe abcd... à
laquelle on a pu mener par le point (120) neuf tangentes qui ont
donné les neuf points de contact A, B, C, D, E, F, G, H, K. Ces points appartiennent aux courbes de contact de plusieurs cônes tangents, car
le terrain donné a une forme telle qu'il est possible de lui mener cinq
cônes tangents : — 1° le cône qui a pour courbe de contact la ligne AA'A"
qui est entièrement concave, parce que le cône laisse le terrain au-dessous
de lui — 2° le cône qui a pour courbe de contact la ligne BBB'B"B". La

partie $B'B'B''$ de cette courbe, qui est cachée, répond à un contact intérieur; la partie BB' répond à un contact extérieur, tandis que la partie suivante $B'B''$ répond à un contact intérieur. B' et B'' points de passage. — 3° le cône qui a pour courbe de contact la ligne $CC'CC''$. Ce cône laisse tout le terrain environné au-dessous de lui. Le point de contact le plus élevé de ce cône appartient à cette courbe. ...... 4° le cône dont la courbe de contact est la ligne $D'DD'D''$ qui va se réunir aux points D' et D'' à la courbe de contact du troisième cône tangent. D' point de passage. — 5° le cône dont la courbe de contact est la ligne $F'FFFF''$. Ce cône, comme le précédent, a un contact en partie extérieur et en partie intérieur. F point de passage.

On pourrait se proposer de construire directement le plan tangent dont le point de contact se trouverait sur une horizontale donnée; il faudrait recourir à un lieu géométrique (Exercice).

Applications. Supposez au point (120) l'œil de l'observateur, la courbe de contact sera pour lui le *contour apparent* du terrain. Coupez le cône *visuel* par un plan vertical quelconque, et construisez la vraie grandeur de la section; cette courbe sera la *perspective* du terrain. Les rencontres avec le terrain des cônes tangents suffisamment prolongés, donneraient les séparations des parties vues et des parties cachées. ......

Supposez au point (120) un point lumineux; les courbes de contact seront autant de courbes de *séparation d'ombre et de lumière*, et les rencontres des cônes prolongés avec le terrain, seraient autant d'*ombres portées*. ......

3° *Plan tangent parallèle à une droite donnée.*

Mêmes observations préliminaires que pour le cas précédent. ......

Le système des plans coupants se compose de plans parallèles entre eux, et ayant leur ligne de pente parallèle à la droite donnée; de sorte qu'on peut se servir de la même échelle de pente, dont on augmenterait ou diminuerait les cotes de la même distance verticale. ... Exemple.

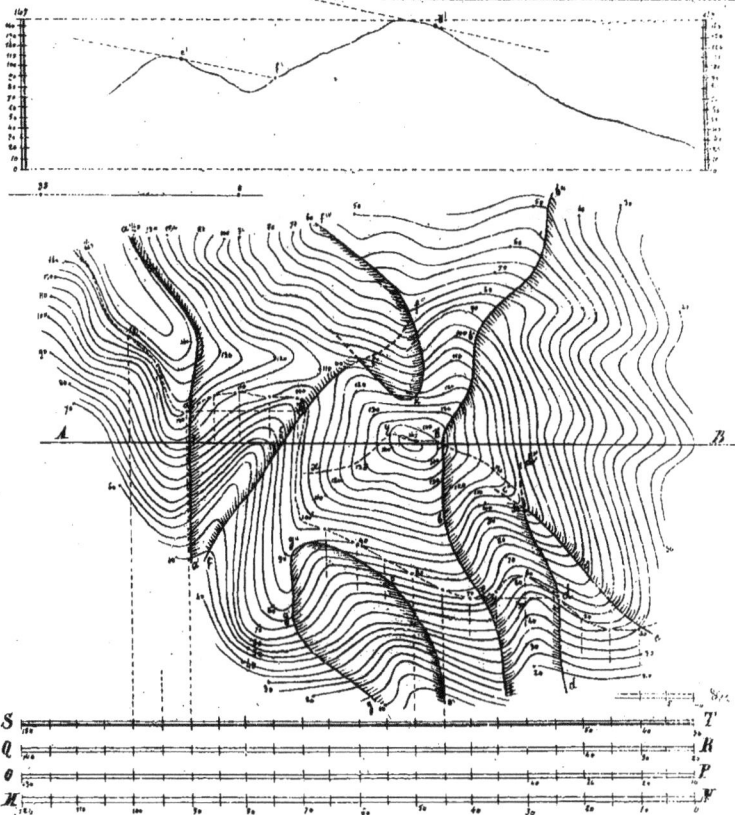

(0.35), *droite de parallélisme* — MN, OP, QR, ST, *plans coupants dont*
la ligne de plus grande pente est parallèle à la droite (0.35). *Ces plans,*
qui sont équidistants verticalement de 10^m, *pourraient avoir même échelle*
de pente, aux chiffres près : les chiffres du premier seraient 0, 10, 20, 30....
ceux du deuxième seraient 10, 20, 30, 40.... ; *ceux du troisième* 20, 30, 40....
La courbe (30, 60, 70, 80.... 130) *est la section faite par le plan* ST, *à laquelle*
on peut mener deux tangentes parallèles à la droite donnée (0.35) : a *et*
c *sont leurs points de contact* — b *et* d *sont les points de rencontre de leurs*

prolongements avec le terrain ...... 35.e.

En résumé, le résultat de toutes les sections consiste en plusieurs cylindres tangents : 1.° le cylindre qui touche suivant la courbe a'a', et qui étant prolongé, rencontre le terrain suivant la courbe f'f'f'f'; 2.° le cylindre qui touche suivant la petite courbe f'i', et qui va rencontrer le terrain au delà suivant la courbe i'i', laquelle se réunir à la courbe f'f'f'f' au point f'. 3.° le cylindre qui touche suivant la courbe bb'''bb', qui laisse tout le terrain au-dessous de lui, moins une partie qu'il rencontre suivant la courbe d'd'd'. Le point le plus haut H appartient à cette courbe; on peut l'obtenir directement en construisant la courbe de contact xyz d'un cylindre horizontal, perpendiculaire à la droite (0.35) et tangent au terrain, et en menant à cette courbe une tangente parallèle à la droite (0.35). — 4.° le cylindre qui touche suivant la courbe cc'c'; cette courbe va rencontrer la courbe d'd'd' en un point c, de sorte que la partie du terrain comprise entre le troisième et le quatrième cylindre, se trouve limitée. — 5.° le cylindre qui touche suivant la courbe gg'g', et qui va rencontrer au delà le terrain suivant la courbe g'o' ....

On pourrait substituer aux plans coupants qu'on vient d'employer, des plans verticaux parallèles à la droite (0.35). Le profil AB en montre un exemple : on l'a fait pour donner une inclinaison convenable à la droite (0.35) qui représente ci-dessous la direction d'un système de rayons lumineux parallèles.

Application. Supposez que la droite donnée représente la direction d'un système de rayons lumineux parallèles : les courbes de contact seront des séparations d'ombre et de lumière, et les rencontres des cylindres d'ombre avec le terrain seront des ombres portées sur le terrain lui-même.

Le dessin ci-dessous a été fait dans cette supposition ; c'est-à-dire

qu'on y a tracé les courbes de contact et les rencontres des cylindres dirigeants
avec le terrain. Mais pour éviter la confusion et conserver à la figure sa netteté
géométrique, on a mis les amorces des ombres seulement sur les parties qui doivent en recevoir. D'ailleurs le dessin suivant supplée à ce qui peut manquer à
celui-ci.

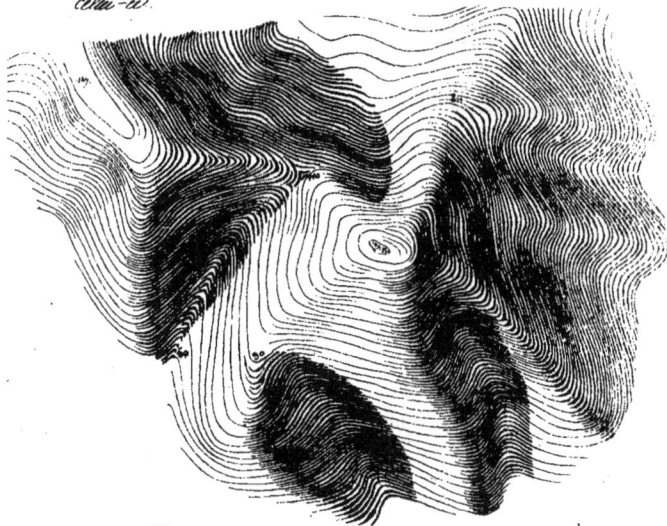

En recourant aux demi-teintes qui lient par des dégradations insensibles les parties ombrées aux parties les plus éclairées, on
a produit un dessin à l'effet tout-à-fait analogue à celui qu'on
a exécuté précédemment pour le cône, le cylindre et les corps de
révolution. Cette analogie est d'autant plus grande, que l'intercalation des courbes produit, comme pour ces corps, une représentation
par des génératrices, qui reviennent à une véritable génération. En
effet, les sections horizontales, ainsi rapprochées, forment une génération en même temps qu'une dessin d'imitation.

On est dans l'usage, en topographie, d'éclairer les terrains qui sont
représentés par leurs lignes de plus grande pente. Mais cet éclaire-

ment est entièrement de convention; parce qu'on veut éviter, dans la
pratique, d'avoir à déterminer des séparations d'ombre et de lumière
et des ombres portées — On est convenu de se donner toujours des rayons
de lumière inclinés à droite sur le plan horizontal, de sorte que les pentes qui, à l'exception des rochers et des arrachements, ne s'élèvent jamais à cette rapidité, se trouvent toutes éclairées; partant, point de
séparations d'ombre et de lumière; et par conséquent, point d'ombres portées. L'effet général ne résulte plus, que de la manière dont
les pentes sont éclairées les unes par rapport aux autres, c'est-à-dire,
de l'inclinaison de la lumière sur chacune d'elles. Les rochers
et les arrachements, dont les contours seuls sont levés rigoureusement,
ont leurs formes générales dessinées par imitation. Cette représentation approchée du terrain suffit, lorsqu'on ne veut pas y recourir
comme épure, mais seulement comme image. Au reste, on se contente
de fixer à vue l'effet qu'il convient de produire sur telle ou telle partie
du terrain; c'est entendu un travail de goût que de raisonnement,
pour lequel on doit être convenablement préparé par tout ce qui précède ...... Quant à la direction des rayons lumineux, on est à peu-
près libre. Toutefois on s'accorde généralement à faire venir la
lumière suivant la ligne qui divise en deux parties égales l'angle
supérieur de gauche du cadre ...... ✱

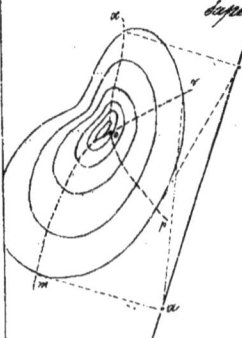

4°. *Plan tangent mené par une droite donnée.*

Comme pour les surfaces de révolution, on a recours à deux cônes
tangents, à sommets situés en deux points (a) et (b) de la droite
(ab) — Les deux courbes de contact mor et pox se rencontrent
en un ou plusieurs points qui sont les points de contact d'autant de plans tangents ......

Autre méthode: Supposez construit le plan tangent qu'on
demande: ce plan touchera la surface suivant un élément

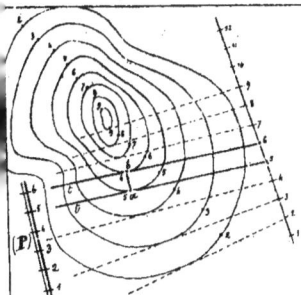

ab compris entre deux courbes voisines, et perpendiculaire à la fois à ces deux courbes. Il a donc la propriété de contenir, vers le contact, deux tangentes parallèles at et bt qui sont en même temps deux de ses horizontales — Cela établi, divisez la droite donnée en parties égales qui soient cotées comme le sont les courbes du terrain; menez respectivement par les points (2), (3), (4), (5), (6), des tangentes aux courbes cotées (2), (3), (4), (5), (6). — Dès que vous aurez rencontré deux tangentes consécutives parallèles, concluez-en que l'élément compris entre les deux courbes correspondantes appartient à un plan tangent. C'est ce qui a lieu ici pour les tangentes (5.5) et (6.6). L'élément ab donne immédiatement le plan (P), approximativement bien entendu.......

Si cette circonstance se présente plusieurs fois, c'est que la forme du terrain sera telle, que plusieurs plans tangents seront possibles.......

Il est possible aussi qu'il n'y ait pas de plan tangent.... &c.

Cette méthode peut être employée, comme auxiliaire, pour mener un plan tangent par un point extérieur. En effet, on peut mener par ce point une droite, et faire passer par cette droite le plan ou les plans tangents qui sont possibles. Ces plans seront autant de solutions de la question proposée. — En changeant de droite auxiliaire, on aura d'autres plans..... &c. (Exercices)

────────────

(*) Il existe un autre mode d'éclairement qui a ses partisans, c'est celui qui consiste à supposer une lumière verticale éclairant le terrain donné. Toutes les pentes sont alors dans la lumière; mais l'effet produit par chacune d'elles est différent, selon l'élévation plus ou moins grande de la pente, depuis zéro jusqu'à 45°. D'après cette supposition, on peut former un diapason de teintes correspondantes

3ᵉ Partie.

Applications de cette méthode de représentation au dessin de la fortification

Cette partie est traitée dans les leçons orales.—

aux pentes, et trouver immédiatement par cette échelle la teinte qui convient à une pente donnée. Ce mode de représentation a pour lui d'être géométrique.— La comparaison des différens moyens qu'on a proposés pour la représentation à l'effet des formes du terrain, nous mènerait trop loin.

Les Plans et les Élévations, dans le dessin des Machines, sont éclairés comme l'est le terrain dans la supposition d'un système de rayons verticaux. La lumière arrive perpendiculairement au plan de projection; de sorte que les parties saillantes recouvrent entièrement les ombres qu'elles portent, en que les séparations d'ombre et de lumière sur les corps arrondis se réduisent aux contours de ces corps.

C'est ainsi que dans les dessins de machines de **Leblanc**, qui sont des modèles en ce genre, on ne trouve des effets de lumière que sur les corps ronds; ces effets se réduisent d'ailleurs à des demi-teintes qui s'arrêtent aux contours, en se dégradent à partir de ces contours vers le milieu.— On explique dans les séances de dessin tout ce que ces énoncés, si courts, peuvent avoir d'incomplet ou d'obscur.

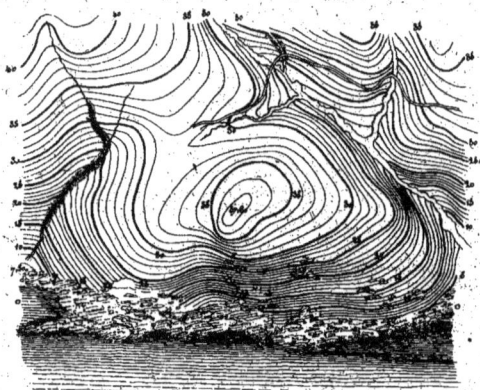

www.ingramcontent.com/pod-product-compliance
Lightning Source LLC
Chambersburg PA
CBHW072314210326
41519CB00057B/5077